OU EN EST

L'ÉVOLUTIONISME

PAR

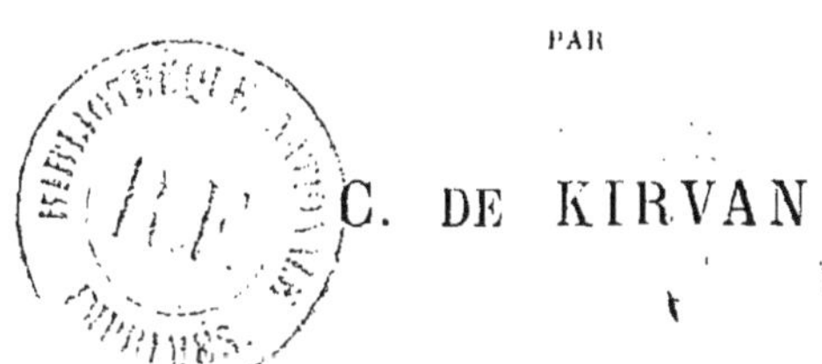

C. DE KIRVAN

Extrait de la *Revue Thomiste* de Septembre et Novembre 1901

PARIS
BUREAUX DE LA *REVUE THOMISTE*
222, FAUBOURG SAINT-HONORÉ
1901

OÙ EN EST L'ÉVOLUTIONNISME?

La théorie de l'évolution dans les règnes organiques a aujourd'hui, qu'on le veuille ou non, droit de cité dans la science. Est-ce à dire qu'elle y règne en souveraine incontestée devant laquelle chacun s'incline? Assurément non ; et même ses plus fanatiques champions de naguère semblent avoir perdu quelque peu de leur superbe intransigeance d'antan.

Cette théorie reste une hypothèse, voire une hypothèse plausible; mais elle n'est point encore entrée, il s'en faut, dans ces régions de la probabilité qui avoisinent la certitude, où *tous* les faits connus s'expliquent, où nuls ne sont contredits, comme, par exemple, les théories physiques de la gravitation universelle, du fluide éthéré, ou du noyau igné du globe terrestre. Elle est et reste, jusqu'à plus ample informé, une simple possibilité, une théorie par conséquent discutable mais reposant sur une base assez stable déjà pour que nul n'ait le droit de lui opposer *a priori* une fin de non-recevoir, soit au nom de la métaphysique, soit, moins encore, au nom de la Révélation et de la Foi.

Il va de soi qu'il ne saurait être question ici du darwinisme dernière manière ou du monisme hæckélien qui fait sortir le monde organique par voie spontanée du monde inorganique, celui-ci s'étant formé non moins spontanément d'un chaos primitif et éternel, suivant des lois qu'aucun législateur, aucune cause extérieure n'aurait posées; — puis qui établit une généalogie partant de la *monère*, cellule protoplasmique simple, fortuitement née du concours des forces mécanico-physiques, et arrivant de générations en générations incessamment changeantes, aux ascidiens, aux poissons, aux diverses classes des mammifères, aux simiens et enfin à l'homme, simien perfectionné.

Ainsi présentée, la théorie est aussi contraire à la raison qu'au bon sens, en même temps que parfaitement antiscientifique, reposant sur un apriorisme illégitime et étendant au delà de toute logique les conclusions des prémisses posées.

Nous n'ignorons pas toutefois qu'elle est encore professée par toute une Ecole dont les travaux du reste ont moins pour objet le développement désintéressé de la science, que la cause d'une certaine philosophie ou soi-disant telle, ou, plus exactement, la haine passionnée de tout spiritualisme et de tout théisme (1). Mais c'est le propre de la passion d'obscurcir l'intelligence et d'étouffer la raison.

Faire sortir un proto-organisme, si élémentaire qu'on le suppose, du simple jeu des forces physico-chimiques, sans l'intervention d'aucune cause extérieure, est une supposition aussi contraire à la raison que toute gratuite, que ne justifie aucun fait d'observation, et qui est adoptée uniquement afin d'écarter ce qu'on appelle, d'ailleurs improprement, « le miracle », c'est-à-dire l'intervention de la cause créatrice. En voulez-vous la preuve? Voici les propres paroles du professeur Ernest Hæckel dans un discours prononcé à Paris le 29 août 1878 : « Les monères primitives sont nées par génération spontanée de la mer, comme les cristaux naissent dans les eaux mères. Qui ne croit pas à la génération spontanée admet le miracle, C'est une hypothèse nécessaire et qu'on ne saurait ruiner par des arguments *a priori* ou des expériences de laboratoire (2). » Le sophisme de ce raisonnement saute aux yeux : il faut admettre, contre tout motif de raison et contre toute expérience, un fait imaginaire afin de supprimer un fait réel, mais qui gêne une théorie préconçue !

Un sophisme analogue, bien qu'exprimé sous une forme moins brutale, a été formulé par le professeur Weismann, en ces termes :

« Nous acceptons la sélection naturelle, non point parce que nous sommes à même de la démontrer en détail, non point

(1) On n'a, pour s'en convaincre, qu'à compulser la collection du *Bulletin* de la Société d'anthropologie, où sans cesse la négation de Dieu, de la vie future, de la distinction du bien et du mal y est proposée en des termes où l'odieux le dispute au ridicule et à l'absurde.

(2) Cf. EMILE FERRIERE, *Le Darwinisme*, Paris, Alcan.

parce que nous pouvons la comprendre avec plus ou moins de facilité, mais parce que nous y sommes obligés, parce qu'il n'est pas possible de concevoir qu'il y ait un autre moyen de rendre compte de l'adaptation des organismes, *sans invoquer l'existence d'un plan préconçu dans la nature.* » Lord Salisbury, en citant ce passage dans son discours présidentiel à la session de 1894 (8 août) de la *British Association*, à Oxford, a spirituellement fait justice de ce sophisme (1).

Quant à la fameuse généalogie dont nous n'avons rappelé que quelques traits, mais qui ne comprend pas moins de 22 stades, dont quelques-uns d'ailleurs imaginaires, avant d'arriver à l'homme parfait, elle est bien discréditée aujourd'hui, même dans le camp des savants matérialistes, non sans avoir eu toutefois, il y a trente et quarante ans, un grand retentissement en Europe.

Ce n'est pas de l'évolution ainsi travestie que nous avons à nous occuper. Quel que soit le savoir de ses promoteurs et leur ardeur à la soutenir envers et contre tout, elle n'est point scientifique et méconnaît les droits les plus imprescriptibles de la raison. L'évolution que nous envisageons ici est comprise entre deux termes extrêmes: au début, l'action du Créateur et Législateur concernant toute la nature vivante ; à l'autre extrémité, l'apparition de l'Homme qui, doué d'intelligence, c'est-à-dire de la notion d'universel, de vrai, de beau et de bien, ainsi que de volonté libre, a dû faire l'objet, au-dessus de l'animalité pure, d'une création spéciale, de même que le monde organique vivant avait dû faire, au moins dans son principe, l'objet d'une sinon de deux créations distinctes au-dessus de la nature purement minérale. Encore n'est-il pas absolument certain *qu'il n'ait pu* y avoir quelque relation ancestrale entre le *substratum* dont Dieu s'est servi pour former subséquemment le corps de l'Homme, et l'animalité proprement dite (2).

Il n'est pas exact de soutenir, comme on l'a fait, que la mise de l'Homme en dehors des transformations successives dont il serait, aux vues de Hæckel et consorts, le terme ultième et nécessaire, découronne toute la théorie évolutionniste, laquelle par là même

(1) Cf., la traduction par M. W. de Fonvielle du discours du noble lord sous ce titre : *Les limites actuelles de notre connaissance*, p. 36 et 37. Paris, Gauthier-Villars.

(2) Nous disons le *substratum* et non le corps même de l'Homme. Cette distinction essentielle sera expliquée et justifiée dans le cours de cette etude.

n'aurait plus de raison d'être (1). C'est là une de ces théories du « bloc » qui sont plus spécieuses que solides. Il n'y a rien d'anormal, rien d'illogique, rien de contraire à la raison dans une vue théorique d'après laquelle le Créateur, appelant à l'être des créatures d'ordres substantiellement différents, aurait procédé d'une manière différente pour chacun de ces ordres.

Discuter, combattre sur le terrain scientifique l'évolution, qui est un système, et lui opposer un système différent, c'est assurément le droit de chacun. Encore faut-il le faire d'une manière sérieuse, en connaissance de cause, et non par des boutades et du persiflage irraisonné. Quand un auteur animé sans aucun doute des meilleures intentions, mais peu bien inspiré, parle de « jeter une dernière pelletée de ridicule sur le cadavre du transformisme », en demandant « pourquoi *tous* les minéraux ne sont pas devenus poissons ; tous les poissons quadrupèdes ; comment les espèces se transforment et coexistent tout à la fois ; pourquoi enfin il nous est refusé de voir un champignon commencer à courir, ou une grenouille essayer ses ailes » (2) ; cet auteur prouve qu'il est mal renseigné sur ce dont il parle, et ignore qu'il prête aux adversaires qu'il croit confondre une sorte d'armes qui ne mettraient pas les rieurs de son côté. Il n'est pas mieux inspiré quand il nous cite « la mythologie darwinienne qui nous fait naître de quelque mammouth transformé directement ou par le singe » (*sic*), et prétend que « la rage d'avoir une guenon pour grand'mère (*sic*) a gagné jusqu'à des spiritualistes, inventeurs du transformisme mitigé » (3). Non plus fondée, non mieux renseignée que la précédente, la pensée de l'auteur est d'ailleurs peu courtoise. Inutile d'insister.

Mais avant de discuter le pour ou le contre de la théorie évolutionniste, d'envisager les observations sur lesquelles s'appuie sa base et d'en signaler les côtés faibles, il n'est pas hors de propos d'en rappeler les grandes lignes.

(1) Cf. *Annales de philosophie chrétienne*, janvier 1898 : *L'origine de l'homme*, par M. l'abbé FARGES.

(2) ANDRÉ GODARD, *Le positivisme chrétien*, 2ᵉ édition. p. 80, 1901 ; Paris, Bloud et Barral.

(3) *Loc. cit.*, p. 250.

I

APPARITION LENTE ET SUCCESSIVE DES ORGANISMES

Remarquons d'abord qu'il n'est plus possible aujourd'hui, comme à la rigueur il l'était encore il y a cinquante ou soixante ans, d'admettre que toute la création se soit accomplie simultanément ou, ce qui scientifiquement reviendrait au même, en l'espace de six fois vingt-quatre heures. Les innombrables espèces végétales et animales dont s'est composé jadis et se compose aujourd'hui le monde organique sont apparues successivement durant de longues séries de siècles; les faits mis au jour pour les travaux des plus éminents géologues et paléontologistes ne permettent plus, à cet égard, le moindre doute. Beaucoup même de ces formes ont eu leurs périodes ascendantes d'épanouissement et de déclin suivi d'extinction, avant que l'homme n'eût pris possession du sol terrestre. Et le Créateur semble ne l'y avoir placé que longtemps après la plus brillante floraison de la vie végétale et animale, telle que la paléontologie nous la montre à l'apogée des âges tertiaires.

Aucune obscurité, aucune difficulté ne peut rejaillir de là sur les textes du premier chapitre de la Genèse, soit qu'on interprète *yom*, le jour hébraïque, dans le sens de laps de temps indéterminé, soit que, suivant l'opinion plus récente des linguistes et des philologues, on conserve au mot *yom*, jour, son sens naturel, mais en ne lui attribuant qu'une valeur symbolique, exclusive de toute limitation de durée.

Il faut noter aussi que la succession des types ou groupes de types tant animaux que végétaux, au moins dans les grandes lignes et sauf le déclin des formes ou groupes disparus, s'est présentée dans l'ordre croissant de leur complexité et de leur perfection.

Si nous considérons, pour commencer, le règne végétal, nous le voyons se manifester dans les mers cambriennes, par d'humbles algues, des fucoïdes et autres plantes rudimentaires. Dans les diverses assises des formations siluriennes, on trouve des bilobites, sorte d'algues de grandes dimensions à stipes composés de deux cylindres accolés, le *Chondrites antiquus*, des spirophytons et des psilophytons, une première ébauche de sphénophylles et de sigillariées (1). La flore dévonienne, bien que purement cryptogamique encore, est déjà un peu plus riche : aux sphénophylles s'adjoignent de nouvelles sigillaires et psilophytes, des calamites, les premières lycopodiacées et les premières fougères. La végétation devient exubérante aux étages carbonifère et houiller, plus restreinte sur l'étage suivant appelé permien ou *penéen* (πένες, pauvre), la température commençant à s'abaisser et le sol à s'assécher : aux premiers se rapportent les *lepidodendrons*, sortes de lycopodes arborescents et gigantesques, plusieurs fougères telles que *névropteris*, *cyclopteris* aux pennules (subdivisions) arrondies au sommet, *sphénopteris* aux frondes profondément découpées, avec abondance des sphénophylles et astérophylles des âges précédents. Aux grandes formations houillères, les sigillariées en nombre s'ajoutent aux lépidodendrons, et les fougères avec des formes arborescentes se différencient de plus en plus.

C'est le règne botanique des cryptogames.

A mesure que disparaissent peu à peu les lépidodendrons et les calamites à grandes dimensions durant la période permienne, se montrent des cordaïtes, des conifères, plantes gymnospermes, des calamites de moindre aspect et de nouvelles fougères (2).

Toutes ces flores appartiennent à l'ère primaire et représentent la série *paléophytique* provenant d'une végétation sur terres principalement basses et humides sous l'influence de la chaleur du feu intérieur, au sein d'une épaisse atmosphère surchargée d'acide carbonique et que ne traversaient pas encore, sans doute, autrement que d'une manière diffuse, les pâles rayons d'un soleil en voie de formation.

Quand naît et se développe la végétation des temps secondaires, la prépondérance cesse d'appartenir aux plantes cryptogamiques pour passer aux gymnospermes : cycadées variées ; conifères de grandes dimensions rappelant ou plutôt faisant pressentir nos salisburiées, nos séquoïées, nos araucariées et nos cupressinées ;

(1) Marquis de Saporta, *Le monde des plantes avant l'apparition de l'Homme*, p. 163 à 168. Paris, Masson.

(2) Cf. de Saporta, *loc. cit.*, p. 172 et seq. ; Ch. Vélain, *Cours élémentaire de Géologie*, 1892, Paris, Masson ; A. de Lapparent, *Traité de Géologie*, 3e édition, 1893 ; Paris, Masson.

plus tard, sur les dépôts crayeux, apparaissent les palmiers, ces gymnospermes monocotylédonés que suivront, ou plutôt qu'accompagneront bientôt les premières angiospermes, plantes décotylédonées ; et celles-ci ne tarderont pas à l'emporter, par le nombre comme par la variété, sur toute la flore antérieure. C'est dans le Cénomanien, base de l'étage crétacé, et les autres assises de cette formation, qu'on les rencontre : premiers chênes, premiers hêtres, peupliers, saules, magnolias, aralias, platanes, lierres, etc., précurseurs (les évolutionnistes diraient : ancêtres) des espèces actuelles des mêmes genres, sans parler de genres ambigus comme *Credneria*, *Protophyllum* et *Aspidiophyllum* qu'on a rapprochés successivement des peupliers, des platanes, des tiliacées et des polygonées et que le marquis de Saporta qualifie de genres caractéristiques (1).

Telle est la série *mésophytique*.

Nous arrivons ainsi aux premières assises de l'étage éocène, sur lesquelles persistent encore quelques formes spéciales au Crétacé accompagnant les types principalement tertiaires ou *néophytiques*, accentuant le règne des angiospermes : chênes de diverses espèces, châtaignier, laurinées, viorne, ellébore, auxquels s'ajoutent des genres nouveaux, tels que catalpa, frêne, ailante, bouleau, figuier et la vigne, représentée par une espèce voisine des vignes américaines de nos jours ; un nipa et un ottélia, plantes aquatiques ; plusieurs myricées, un *Nerium* (oléandre ou laurier-rose), un euphorbe, des jujubiers et de nouvelles espèces de conifères (callitris, widdringtonia, juniperus, etc.). Il règne dans toute l'Europe, partiellement envahie par la mer dite nummulitique, une température moyenne de 25° qui permet à des palmiers, à des cocotiers de vivre avec les autres plantes dans des parages qui seront un jour des provinces de France et d'Angleterre. Le refroidissement polaire ne s'accuse pas encore, et des espèces de genres aujourd'hui cantonnés dans la zone intertropicale prospèrent jusque dans les régions arctiques. Plus tard, durant l'Oligocène, la prépondérance de plus en plus étendue des arbres à feuilles caduques. l'extension des conifères indiquent une température

(1) DE SAPORTA, *loc. cit.*, et *Origine paléontologique des arbres*, 1888. Paris, J.-B. Baillière.

moins élevée, quoique toujours uniforme. Dans les étages du miocène, une ébauche des saisons commence à se dessiner, mais les hivers sont doux, les étés pluvieux : peupliers, érables, platanes, charmes, bouleaux, saules, aunes, chênes, hêtres peuplent les forêts, associés, vers le sud, aux dattiers, aux cocotiers, aux flabellaires, aux phœnix et autres palmiers, et, vers le centre, aux camphriers, aux lauriers, aux cannelliers, aux *Cercis* (1), aux acacias. Partout un épais gazon de graminées couvre le sol. C'est l'apogée de développement et de la magnificence du règne végétal que n'ont encore éprouvé ni les vicissitudes du froid ni celle des sécheresses.

Lentement, insensiblement cet état de choses va changer durant la période pliocène. Les climats vont s'accentuant progressivement, la surrection du vaste massif des Alpes, celles du Caucase et de l'Himalaya, ont chassé peu à peu les mers miocènes de la surface de l'Europe et du centre de l'Asie. Très riche encore, la flore pliocène, jusqu'alors également répartie sur tous les points du globe, tend de plus en plus à se spécialiser et à se cantonner suivant les zones climatériques. Les sapins, mélèzes, épicéas, pins, toute notre flore alpine, peuplent encore les régions arctiques et circonvoisines, aujourd'hui sous les glaces, tandis que les genres qui ornent actuellement nos plus fortunés climats méridionaux occupaient le nord et le centre de l'Europe avec nos arbres feuillus de la zone tempérée. Un chêne du midi de l'Espagne, *Quercus lusitanica*, prospérait, associé au palmier nain, dans nos climats méditerranéens d'aujourd'hui. Une sorte de sélection par émigration pour une part, et par extinction pour une autre part, s'est ainsi réalisée dans le monde des plantes, pour aboutir à un état de choses que les âges quaternaires, nonobstant les fluctuations résultant des alternatives d'extensions glaciaires, de sécheresse et d'humidité, nous ont transmis sans modifications fondamentales.

Si maintenant nous parcourons à grands traits la faune paléontologique, nous constaterons les faits suivants. Dans les couches les plus profondes, les plus anciennes des formations paléo-

(1) *Cercis*, gainier; *vulgo*, arbre de Judée.

zoïques, c'est-à-dire de celles au bas desquelles on rencontre pour la première fois des débris fossiles certains d'êtres vivants, on trouve d'abord en quantités innombrables, dans les formations cambriennes, des crustacés d'une forme particulière, les *trilobites*, groupe d'animaux marins qui ne paraît pas avoir survécu à la période géologique appelée primaire (1); des mollusques, notamment des brachiopodes; des vers, des bryozoaires, des polypiers, des zoophytes. Un peu plus haut, dans les couches siluriennes, apparaisssent les premiers poissons ; ils ont la queue droite et pointue avec le corps recouvert de plaques osseuses et brillantes (poissons ganoïdes-leptocerques); les brachiopodes abondent avec les polypes, les nautiles et les trilobites, et l'embranchement des échinodermes est représenté surtout pàr les cystidés et les crinoïdes. Les poissons augmentent en nombre et en espèces dans les mers dévoniennes; la plupart *notocorolaux*, c'est-à-dire à colonne vertébrale incomplètement caractérisée; les insectes apparaissent, tandis que les trilobites commencent à diminuer; c'est le règne des mérostomes, sorte de crustacés se rapprochant des limules et des scorpions et paraissant établir transition entre les crustacés et les arachnides. Bientôt, tandis que les crinoïdes continuent à pulluler dans les mers carbonifères et permiennes, que les trilobites se font de plus en plus rares, les premiers reptiles apparaissent, souvent avec des vertèbres incomplètement ossifiées; les araignées se montrent avec les crustacés *macroures* ou à longue queue représentés aujourd'hui par les écrevisses, crevettes, homards, langoustes, etc. (2). Tels sont les principaux groupes animaux des formations primaires. Nous ne saurions ici les désigner tous. Mais ce qu'il faut remarquer, c'est, comme le fait observer M. A. de Lapparent, la façon pour ainsi dire subite dont les divers types organiques font leur apparition. « Déjà l'on a vu la faune à *Olencellus* éclose en quelque sorte tout d'un coup après la fin de la période précambrienne. Il en est de même des graptolithes qui apparais-

(1) Un fait curieux à constater, c'est une certaine analogie entre le trilobite des mers primaires ou paléozoïques et la *limule*, crustacé des Moluques ressemblant un peu à une gigantesque araignée qui serait protégée par une carapace osseuse; or l'embryon de ce crustacé offrirait, à un certain stade de son développement, une forme très voisine de celle des trilobites. Les limules, qui ont la respiration branchiale des crustacés, présentent certaines formes extérieures des araignées.

(2) Cf. Alb. Gaudry, *Les Ancêtres de nos animaux*. Paris, J.-B. Baillière.

sent subitement et par un grand nombre de types avec le début de l'époque ordovicienne (1), et des céphalopodes qui, à peine annoncés dans la faune seconde (ordovicienne), s'épanouissent avec une ampleur inouïe dès le commencement de la faune troisième (ou du silurien supérieur). De plus, loin que ces premières éclosions de familles nouvelles se fassent par des types incomplets ou atrophiés, elles ont lieu, au contraire, par des genres physiologiques très élevés, et où la taille des individus est souvent très supérieure à ce qu'elle sera dans l'avenir. Tel était le cas des paradoxides (2) ; tel est aussi celui des orthocères (3) et des céphalopodes enroulés de la faune troisième. Ces faits ne sont d'ailleurs pas particuliers aux temps siluriens ; plus d'une fois ils se reproduisent dans l'histoire du globe, et il est impossible de n'en pas tenir grand compte dans l'appréciation des lois qui règlent le développement de la série organique (4). »

Durant la période secondaire ou mésozoïque, les trilobites ont définitivement disparu avec la plupart des autres formes primaires. Les madréporaires succèdent aux anthozoaires cloisonnés, les oursins aux crinoïdes, les lamellibranches aux brachyopodes ; les mollusques céphalopodes sont abondamment représentés par les ammonites et les bélemnites. Tous ces organismes inférieurs, avec des crustacés, des polypiers, des foraminifères, pullulent à l'infini dans les mers secondaires saturées de carbonate de chaux qui leur fournit les éléments de la partie dure ou testacée de leur être. La queue droite et terminée en pointe ou leptocerque (λεπτός, κέρκος) des poissons primaires tend à se bifurquer. Mais c'est surtout l'apparition des grands reptiles (sans parler de quelques traces d'oiseaux et de rares marsupiaux de petite taille, premiers précurseurs des futurs mammifères) qu'il faut remarquer ; car ils vont devenir caractéristiques de l'ère secondaire : l'iguanodon, sorte d'iguane gigantesque ; les ichthyosaures, ces sauriens non moins volumineux et ressemblant à des poissons ; les plésiosaures (πλησίον, proche, voisin) plus ou moins voisins des précédents, mais avec un cou allongé comme un serpent ; les énormes dinosauriens

(1) Autrement dit : époque *armoricaine*. L'étage ordovicien ou armoricain est celui qui surmonte immédiatement l'étage cambrien.

(2) *Paradoxide*, sorte de trilobite de l'étage cambrien.

(3) *Orthocères*, mollusques céphalopodes, de la famille des nautiles.

(4) A. de Lapparent, *loc. cit.*, p. 753-754.

(*Brontosaurus*, *Megalosaurus*, *Mastodontosaurus*); les ptérodactyles et les rhamphorynques, reptiles ailés, ont laissé, dans les couches des étages triasique et jurassique, des débris assez nombreux et assez bien conservés pour qu'on ait pu les reconstituer et distinguer les espèces diverses dans chacun de ces genres. L'*Archæopteryx*, découvert dans les schistes supérieurs de Solenhofen (Bavière), est un oiseau par ses ailes et ses plumes, et ressemble à un reptile par ses mâchoires armées de dents et sa queue longuement vertébrée, quoique emplumée. Puis viennent les mosasaures, pélagosaures, crocodiliens, chéloniens (tortues) du Crétacé, puis de nouveaux oiseaux, *Hesperornis*, *Ichtyornis*, à mâchoires dentées à la manière encore de celles des reptiles, mais véritablement oiseaux, par tout le reste (1).

De même que l'ère tertiaire a vu, grâce à l'extension croissante des continents et à une meilleure répartition de la chaleur, de la lumière et de l'humidité, l'exubérance végétale atteindre son apogée malgré la disparition d'un grand nombre de formes antérieures, de même la faune y parvient à un grand développement. Ce sont surtout les grands mammifères qui lui donnent, sans préjudice des autres vertébrés et des embranchements invertébrés, sa physionomie la plus caractéristique. Les marsupiaux y montrent des espèces de plus en plus parfaites avec des dimensions bien supérieures à celles des infimes marsupiaux secondaires. Le paléothérium, l'anoplothérium, plusieurs types de rhinocéros, le tapir, le brontothérium, entre autres, y représentent l'ordre des pachydermes durant la première moitié de cet âge et font place aux ruminants, principalement des cervidés, et à la série des équidés qui commence à l'éocène, se développe durant le miocène, pour aboutir, au pliocène, à de véritables chevaux tout à fait comparables à nos chevaux actuels. Cette succession fournit aux évolutionnistes un de leurs arguments préférés. Le dinothérium et le mastodonte, énormes proboscidiens, ont leur règne aussi pendant l'âge miocène et sont remplacés, au pliocène, par divers éléphants, l'hippopotame et plusieurs rhinocéros, dont les séries se continueront pendant la période quaternaire (qui verra l'apparition de l'Homme), et enfin les quadrumanes ou simiens.

(1) Cf. ALB. GAUDRY, *Fossiles secondaires*, passim, Paris, 1890.

Mais, parallèlement aux mammifères, les âges tertiaires ont produit de nouvelles espèces de poissons et d'autre part, de gigantesques crocodiliens; des oiseaux en grand nombre dont quelques-uns, comme le gastornis, sorte d'autruche, présentaient une stature extraordinaire, les autres, de toutes dimensions, se rapprochant de plus en plus de nos espèces actuelles; des batraciens, des ophidiens. Enfin, parmi les invertébrés, les insectes, arachnides, myriapodes, mollusques et surtout foraminifères, en particulier les *nummulites*, se multiplient en d'étonnantes proportions. Ces derniers même y ont pullulé en si extrême abondance qu'on les donne souvent comme caractéristiques de l'ère tertiaire.

Au-dessus du pliocène, étage tertiaire supérieur, s'étend le pleistocène ou postpliocène, autrement dit l'étage quaternaire qu'habitent le renne, le chamois, la marmotte, l'aurochs, le mammouth, le rhinocéros tichorinus ou à narines cloisonnées et à peau velue, l'ours et l'hyène des cavernes, le cerf mégacéros et le cerf elaphus, les grands carnassiers (tigre, lion, panthère, etc.), en un mot tous les genres d'animaux de nos jours, plus un certain nombre qui, existant encore quand est survenu l'Homme, ont vu depuis longtemps s'éteindre leurs espèces.

II

L'ÉVOLUTIONNISME FONDÉ SUR UNE IGNORANCE

Si sommaires et incomplètes qu'elles soient, les énumérations qui précèdent permettent déjà quelques observations intéressantes.

En premier lieu, cette suite quasi interminable d'organismes apparaissant sur des terrains de formations différentes et successives, implique une énorme durée. Que ces types innombrables aient fait chacun l'objet d'une création distincte et spéciale comme le veulent les créationistes; qu'ils soient issus, par transformations graduelles à travers des multitudes de générations et sous l'influence des variations telluriques et climatériques, d'un petit nombre de types primitifs doués par le Créateur d'un principe virtuel d'évolution organique, selon la saine théorie évolutionniste ;

ou bien encore, qu'ils aient apparu, chacun à son heure, comme un produit spontané du sol, en vertu de cette loi posée à l'origine par le souverain Législateur :

Germinet terra herbam..., lignum...; Producet terra animam viventem..., jumenta et reptilia et bestias...; Producunt aquæ reptile animæ viventis et volatile (1);

On ne peut douter que ces apparitions successives n'aient exigé un temps immense. Les géologues estiment que le monde organique était déjà bien vieux quand les belemnites et les ammonites commençaient à se multiplier dans les mers secondaires; quand les cycadées, les conifères, les palmiers, puis les dicotylédonées angiospermes venaient se substituer ou s'ajouter aux plantes cryptogamiques de l'ère primaire ; quand aux invertébrés et aux poissons leptocerques se substituaient ou s'ajoutaient d'autres invertébrés, d'autres poissons à queue incurvée, puis bilobée et enfin homocerque, et dominaient les gigantesques sauriens (2).

Les évaluations les plus modérées portent à 30.000 mètres l'épaisseur des couches précambriennes et primaires de l'écorce terrestre, savoir : 10.000 pour le précambrien, 5,000 pour le cambrien, 6.000 pour le silurien proprement dit, 3.000 pour le dévonien et 6.000 pour le permo-carbonifère ; tandis qu'elles ne portent qu'à 6.000 mètres la puissance de l'étage secondaire (trias, 1000 mètres ; jurassique, 1.500 mètres ; crétacé, 3.500 mètres), et 3.000 mètres seulement pour les formations tertiaires. Soit en tout trente-neuf mille mètres. Mais ces évaluations sont déjà anciennes, remontant à une trentaine d'années. D'autres, plus récentes et dues à M. James Dana, le célèbre géologue américain, ne portent pas à moins de *quarante-cinq mille mètres* l'ensemble des assises comprises entre le terrain primitif où l'on n'a recueilli

(1) *Gen.*, I, 11; 24; 20. Le texte sacré ajoute : *Secundum genus suum, — secundum speciem suam... fecit Deus.* Certains auteurs ont voulu en conclure que le système créationniste serait impliqué dans le récit biblique ; qu'il en résulterait nécessairement que Dieu aurait agi directement pour former chaque genre expressément et spécialement. Cette solution ne saurait s'imposer : premièrement, que Dieu ait procédé par voie directe ou par l'intermédiaire de causes secondes, c'est toujours Lui qui a agi : *fecit Deus;* en second lieu et pour la même raison, que les genres et les espèces aient apparu immédiatement au commandement divin, ou qu'ils se soient formés peu à peu en vertu d'une loi d'évolution, c'est toujours Dieu qui en est l'auteur ; c'est un mode différent de création, voilà tout.

(2) Cf. Albert Gaudry, *Les Enchaînements du monde animal, Fossiles secondaires.*

aucun débris organique, et les alluvions modernes. Il est vrai que c'est là un maximum ; mais dût-il être réduit en quelque mesure, il nous reste toujours un nombre respectable de kilomètres pour la profondeur ou épaisseur des terrains sur lesquels a pris naissance et s'est développée la vie sur notre globe, et la très majeure partie en revient aux assises primaires.

Quant à la période ou ère quaternaire, qui ne se distingue pas beaucoup, spécifiquement, de la période actuelle, mais durant les premiers âges de laquelle sévirent, ayant commencé vers la fin de l'ère précédente, les grandes expansions glaciaires, elle paraît avoir été de fort longue durée. On place généralement l'apparition de l'Homme entre le second et le troisième de ces importants phénomènes ; et les calculs les plus modestes ne portent pas à moins d'une quinzaine de milliers d'années en arrière l'époque de cette apparition. Nous laissons pour compte à certaine École ses suppositions fantastiques qui n'attribueraient pas moins de quelques centaines de mille ans à l'âge de l'humanité. Mais si l'on peut raisonnablement réduire cet âge à cent cinquante siècles qui nous reporteraient vers la fin de la deuxième période interglaciaire, il n'est assurément pas excessif d'évaluer à 45 ou 50.000 ans le temps écoulé depuis les débuts du quaternaire jusqu'à nos jours. Les terrains pleistocènes sont formés par des couches de dépôt appelées diluvium, alluvions, drift ou till, lœss, lehm ou limon, le tout d'une épaisseur très variable, mais dont la plus forte, celle des *terres jaunes* de la Chine, dépasse à peine 400 mètres (1); et c'est un maximum. Or, qu'est-ce que cela comparé aux 3.000 mètres de l'étage tertiaire, aux 6.000 du secondaire et aux 20 ou 30.000 du primaire, et, à plus forte raison, aux 45.000 mètres que M. Dana impute à l'ensemble ? Si l'on peut évaluer à 4 ou 500 siècles la durée probable de l'âge quaternaire à partir de ses débuts jusqu'à nous, c'est par de nombreux millions d'années qu'il faudra supputer celle de l'ensemble des périodes précédentes où la vie végétale et animale a pris naissance et suivi son cours. M. de Lapparent, dans un savant mémoire présenté au congrès scientifique catholique de 1891, arrive, par des considérations appuyées sur des observations des plus sérieuses et fondées sur la constatation de

(1) Cf. A. de Lapparent, *loc. cit.*, p. 1368.

phénomènes contemporains, à cette conclusion que la durée de l'élaboration de l'écorce solide formant la superficie de notre planète, serait de *quatre-vingt-huit* à *quatre-vingt-dix* MILLIONS *d'années* (1). C'est là, sans doute, un maximum (2), et de tels calculs ont toujours un côté hypothétique. Mais, si fortes soient les réductions que l'on veuille faire subir à ces chiffres, on ne parviendra jamais à les faire tomber au-dessous d'un bon nombre de myriades de siècles, autrement dit de beaucoup de millions d'années. Et si l'apparition des innombrables séries d'espèces végétales et animales qui ont précédé celle de l'homme, s'est échelonnée à travers de telles immensités de durée, quoi d'anormal, quoi d'invraisemblable dans l'hypothèse que le Créateur ne serait pas revenu à la charge par créations directes un aussi grand nombre de fois et en des durées aussi prolongées, mais qu'il aurait promulgué à l'origine un petit nombre de lois créatrices et organisatrices à l'exécution desquelles il aurait ensuite veillé par sa Providence, quoique sans intervention spéciale?

De là résulte non pas une preuve assurément, à peine une présomption, mais au moins une non-invraisemblance — on pourrait même ajouter une raison de convenance — en faveur de la théorie évolutionniste. Les décrets divins ne devant, selon le vouloir de leur Auteur, produire leurs effets qu'avec le concours du temps et d'un temps hors de toute proportion avec l'éphémère durée de la vie humaine, il en résulte l'existence d'une loi spéciale de développement — on peut même dire d'évolution en prenant ce mot dans le sens large — des êtres, des types destinés à apparaître successivement à la surface de la terre.

Quelle est cette loi ?

Est-ce une loi de variabilité indéfinie ou limitée des types primitifs créés ?

Est-ce une loi de créations successives des organismes ana-

(1) *Compte rendu* du deuxième Congrès scientifique international des Catholiques tenu à Paris en 1891, VIIe section, p. 292, et *Revue des Questions scientifiques*, de Bruxelles t. XXX (juillet 1891).

(2) Est-il bien sûr que ce soit un maximum? Sir William Thomson, aujourd'hui lord Kelvin, estimait ce maximum, d'après un mode d'évaluation différent (distribution de la chaleur interne à partir de l'apparition des premiers organismes marins), à *cent, millions* d'années. M. DE LAPPARENT, lui, s'appuie sur l'accroissement annuel des dépôts formés au fond des mers par les érosions provenant des précipitations atmosphériques, des fleuves, torrents, etc., et de la percussion des vagues sur les côtes.

logue à celle qui régit la formation des âmes humaines, objet, suivant la croyance de l'Église, d'une création spéciale pour chaque être humain ?

Est-ce un pouvoir conféré à la terre et aux eaux de faire surgir de leur sein des organismes vivants (*Germinet terra herbam... Producat terra animam viventem... Producant aquæ reptile et volatile*)?

Nous l'ignorons, là est le mystère. Et c'est sur ce mystère, sur cette ignorance seule que repose l'hypothèse évolutionniste.

S'il semble peu probable à première vue que le divin Ouvrier soit intervenu spécialement et explicitement à l'apparition de chaque type botanique ou animal, corrigeant et rectifiant de temps à autre son œuvre, comme un artiste peu sûr de lui-même et qui tâtonne — car beaucoup de types éteints ont eu, avant de disparaître pour faire place à des types plus perfectionnés, leur période de déclin — il n'est d'autre part nullement prouvé que l'évolution des deux règnes organiques se soit faite par voie ancestrale ou héréditaire.

Ce qui est indubitable, c'est que chacun d'eux a été assujetti, dans ses grandes lignes, à une loi de continuité exprimée par Linné en cette formule renouvelée de la philosophie scolastique et empruntée, dit-on, par elle à saint Denis l'Aréopagite : *Natura nunquam facit saltus*. Mais cette continuité, encore une fois, comment, de quelle manière s'est-elle réalisée ? Voilà ce que nous ignorons absolument et ce que les créationnistes pas plus que les transformistes ne sont en état d'expliquer autrement que par de simples hypothèses.

Du reste, il faut distinguer l'évolutionnisme, en tant que thèse générale, des divers systèmes proposés pour expliquer les transformations ou prétendues telles des types différents, progressives ou régressives, par voie congénitale.

Sans parler du trop fameux *Monisme* du professeur Hæckel, de plus en plus abandonné par les savants en qui la haine du spiritualisme ne domine pas toute autre préoccupation ; sans rappeler ici les arguments en faveur du transformisme formulés par les précurseurs de Darwin, tels que Geoffroy Saint-Hilaire, Lamarck, de Maillet, Gœthe, dont la valeur semble plutôt historique que probante, on peut dire que le *Darwinisme* a rencontré, dans le camp évolutionniste même, plus d'un adversaire. Au bruyant *struggle for life* ou « lutte pour la vie », l'un des grands motifs invoqués par Darwin et qui eut tant de vogue naguère, M. Edmond Perrier, l'éminent professeur du Muséum d'histoire naturelle à Paris, oppose au contraire « l'association pour la vie » ; il y voit un des éléments de la transformation et de la conservation des espèces. M. Albert Gaudry, membre de l'Institut, dans ses *Enchaînements du monde animal* (1), conteste également l'influence d'une lutte pour la vie, et cela au nom de la grande inégalité du développement des types devant l'antiquité géologique. Un autre évolutionniste, M. Delbœuf, en son vivant professeur à l'Université de Liège, admettait, à l'inverse de Hæckel ou même de Darwin, l'apparition, dès l'origine, d'une quasi infinité de types d'où les espèces successives seraient sorties de perfectionnement en perfectionnement, variant avec les circonstances de milieu, et non plus précisément par survivance des plus aptes suivant le système de Darwin, mais par l'extinction des moins aptes, et dans ce système nous nous trouvons en présence d'espèces indépendantes, irréductibles les unes aux autres, ce qui ne laisse pas de présenter plus d'une analogie avec les espèces fixes de la théorie créationniste. Feu M. Charles Naudin, membre de l'Académie des sciences et directeur du magnifique jardin botanique d'Antibes, savant spiritualiste et très partisan de la thèse évolutionniste, considérait les passages d'espèce à espèce par modifications faibles, mais brusques durant la vie embryonnaire.

Au résumé, il n'y a guère, croyons-nous, que les influences de milieux résultant des nombreuses modifications subies par l'atmosphère, le sol et la température, durant la longue élaboration du futur séjour de l'homme, qui aient suffisamment résisté aux nombreuses objections soit des antitransformistes, soit des évolutionnistes eux-mêmes. Ceux-ci n'en sont pas moins convaincus de la vérité de la thèse, bien qu'hésitant encore sur le *comment* de sa réalisation. Parmi les plus marquants d'entre eux, il faut citer, après MM. Charles Naudin et Albert Gaudry déjà nommés, sir Richard Wallace, l'ami et l'émule de Darwin et Saint-Georges Mirart, tous deux savants anglais, le R. P. Zahm, religieux américain, et en France, M. le Dr Maisonneuve, professeur à l'Université catholique

(1) Paris, Masson.

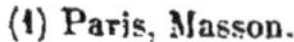

d'Angers, M. l'abbé Guillemet et le R. P. Leroy, de l'Ordre de Saint-Dominique. Nous laissons de côté, comme nous l'avons dit, les évolutionnistes de l'école matérialiste, parce que chez la plupart le point de départ, les principes (si cela peut s'appeler des principes) sur lesquels ils appuient la théorie, sont contraires à la saine raison comme au sens commun, ne reposant ni sur l'observation, ni sur des vues rationnelles, mais sur l'idée préconçue, le parti pris, un apriorisme injustifié, l'esprit sectaire en un mot.

III

FAITS FAVORABLES A L'ÉVOLUTIONNISME

Exposons, en les résumant dans une vue d'ensemble, les principaux arguments de l'École de l'évolutionnisme spiritualiste.

L'influence des milieux et des changements de milieu, comme celle de la lumière et de la température, du magnétisme, des actions électriques, de l'altitude ou de la composition minéralogique du sol, sur les organismes tant végétaux qu'animaux, ne saurait être contestée, Telles plantes annuelles en plaine, aux basses altitudes, gentiane champêtre, paturin annuel, seneçon visqueux, deviennent bisannuelles ou vivaces en haute montagne, Le réséda, plante herbacée, lorsqu'on empêche sa fructification, se lignifie peu à peu et finit, après quelques années, par devenir un véritable arbuste. Le ricin, plante tout au plus sous-ligneuse et dans tous les cas annuelle dans nos climats, devient, sous les tropiques, un bel et grand arbre dont la longévité est d'un certain nombre d'années. Sous ces mêmes tropiques, ceux de nos arbres feuillus qui parviennent à s'y naturaliser, ne perdent plus leurs feuilles qui deviennent persistantes. Les hêtres du sud de la Patagonie, sous l'action de l'extrême humidité du climat, voient aussi leurs feuilles se maintenir en toute saison (1). C'est par une modification d'éclairement se résolvant en diminution de lumière que l'on obtient les variétés horticoles à feuillage panaché qui souvent, ensuite, se transmettent par hérédité. D'autre part on arrive,

(1) J. Costantin. *Les végétaux et les milieux cosmiques*. Paris, Alcan.

par d'habiles transitions prudemment ménagées, à rendre terrestres des plantes aquatiques et réciproquement, et de même à rendre plantes de lumière des plantes d'obscurité relative, plantes d'ombre des espèces de pleine lumière.

Dans le règne animal, on connaît le fait bizarre d'un amphibien caducibranche, du Mexique, l'*Amblystome*, engendré par un amphibien perennibranche, l'*Axolotl*, lequel engendre plus ordinairement des axolotls comme lui. Mais si, avec les précautions nécessaires, on fait passer des axolotls d'un milieu purement aquatique dans un milieu aérien et humide, il arrive *parfois* que quelques-uns d'entre eux perdent peu à peu leurs branchies ainsi qu'un appendice membraneux de leur queue qui leur sert de nageoire, devenant ainsi de véritables amblystomes. L'attention ayant été éveillée à ce sujet, on a pu constater qu'aux lacs du Mexique où ces animaux abondent, on ne trouve que des axolotls dans les lacs qui sont toujours à pleine eau, et que c'est seulement dans les lacs sujets à des assèchements temporaires que l'on trouve des amblystomes (1). N'est-ce pas là un exemple frappant des modifications que peut causer, sur un organisme vivant, l'influence des milieux? Et si, en nos temps de stabilité et de calme, une si légère modification dans le régime de quelques lacs peut encore produire de telles métamorphoses, combien la puissance d'action des variations de milieu ne devait-elle pas être plus grande durant les innombrables changements et perturbations des âges géologiques!

Il est d'autres exemples.

Des mollusques et des crustacés d'eau saumâtre transférés par transitions graduellement ménagées dans l'eau douce ou *vice versa* ont pu s'accommoder du nouveau milieu et, soit individuellement, soit par descendance, voir leurs organes se modifier en conséquence. C'est ainsi que le chimiste Schamkewitch a réussi à transformer l'*Artemia salina*, crustacé arthropode des marais salants, en une autre espèce *A. milhanesi*, et, poursuivant ses essais et ses expériences, a obtenu de la même artémie saline un crustacé d'un genre différent, du genre *Branchipus*. On cite aussi toute une petite faune souterraine, composée de coléoptères, d'araignées et même de souris, qui, découverte au fond des mines

(1) Cf. *Les Axolotls et leurs métamorphoses*, par G. HAHN, S. J., in *Rev. Quest. scientifiques*, de Bruxelles, t. XXXI (janvier 1892).

du Creusot et mise au jour, aurait subi des transformations importantes sous l'action de ce nouveau régime. Dans le nombre des infiniment petits, foraminifères, microcoques, bactéries, bacilles, moisissures, etc., on constate des transformations d'êtres vivants passant non seulement d'une espèce à une autre, mais même à un genre et à un ordre différents (1).

Les *Sphécodes* sont des apidés parasites qui seraient, dans l'hypothèse, dérivés d'un autre genre de la même famille, *Halictus*, genre d'abeilles fouisseuses. Or, entre sphécode et halicte, il n'existerait pas moins de cinquante formes intermédiaires établissant la transition de l'un à l'autre par gradation tellement insensible, qu'il serait extrêmement difficile de préciser à laquelle de ces formes finit la série sphécode et à laquelle commence la série halicte.

Les sondages maritimes du *Challenger* et de plusieurs autres navires armés pour explorations scientifiques, ont amené, des profondeurs abyssales, d'étranges formes animales qu'on a cru reconnaître pour les espèces littorales plus ou moins profondément modifiées par le changement de mode d'existence trouvé par elles à diverses profondeurs (2).

En outre, un grand nombre de types sous-marins jusqu'alors inconnus se sont montrés intermédiaires entre d'autres types fort dissemblables et entre lesquels ils établissaient une transition parfaite (3).

Une assez grande importance est attachée par les évolutionnistes à l'existence d'organes rudimentaires, d'ailleurs inutiles, que l'on constate chez un grand nombre d'organismes : telles, en certains insectes, des ailes membraneuses qui ne leur sont d'aucun usage, étant recouvertes par des élytres soudées; telles les dents fétales des baleines; tels encore les rudiments d'aile aux oiseaux coureurs ou nageurs : gastornis parmi les espèces éteintes ; autruche, pingoin, manchot, aptérix, parmi les espèces contemporaines; les petits os qui marquent, sous la peau du boa constrictor et sous celle du gracieux petit orvet, la place

(1) Cf. *l'Apologie scientifique* de Duilhé de Saint-Projet, 4e édition, chap. XIV, § II. Paris, Poussielgue.

(2) *Ibid.*

(3) A. Milne-Edwards, *Revue critique*, octobre 1882.

des pattes des reptiles sauriens ou lacertiens (1); les deux petits stylets insérés de chaque côté du métatarse au-dessus du sabot du cheval; telles enfin, dans la classe des mammifères, les mamelles sur la poitrine des mâles. Dans le système évolutionniste, ces organes rudimentaires et inutiles, dont on pourrait citer bien d'autres exemples, seraient des restes, des témoins, transmis par hérédité, d'organes autrefois normalement développés, mais atrophiés par le non-usage ou modifiés par un usage différent (ailes-nageoires du manchot).

Cette dernière considération se rattacherait à ce fait admis par beaucoup d'embryologistes, à savoir : que, dans l'embranchement des vertébrés, tout au moins parmi les vertébrés supérieurs, l'embryon, pendant la durée de la vie fétale, passe successivement par toutes les formes inférieures. De telle sorte que le fœtus d'un mammifère d'ordre élevé, simien ou canidé, par exemple, serait d'abord semblable à un embryon de poisson, puis à un embryon de reptile et ainsi de suite (nous omettons les intermédiaires dans chaque classe) jusqu'à ce qu'il ait revêtu la forme définitive sous laquelle il doit être mis au jour. Ce qui a lieu pendant la vie embryonnaire, cette sorte d'évolution individuelle de chaque sujet dans le sein maternel serait comme un abrégé de l'évolution de chaque forme ou groupe de formes jusqu'à sa constitution définitive en genre et en espèce. Pourquoi refuser à l'espèce ce que l'on constate chez l'individu?

On pourrait dresser synoptiquement trois tableaux classant les formes organiques : 1° dans leur ordre progressif de perfection; 2° dans l'ordre de leur apparition sur le globe; 3° dans l'ordre de leur développement fétal; et ces trois classements offriraient, au

(1) Cf. Mathias Duval, *Le Darwinisme*, p. 17. Il y a mieux. L'orvet lui-même, *Anguis fragilis*, plutôt saurien qu'ophidien, serait le dernier terme, arrivant aux ophidiens, d'une série commençant au *Seps*, sorte de lézard à quatre membres très espacés, très petits et à cinq doigts. Le *Saurophis*, son voisin, n'a que quatre doigts à chacune de ses petites pattes. Au *Brachymeles*, on ne trouve plus que deux doigts aux pattes de devant et un seul à celles de derrière. Plus de doigts du tout aux pattes postérieures du *Chalcis*. Quatre moignons sans doigts représentent les pattes du *Chamæsaura*. Le *Scelotes* retrouve bien deux doigts à ses pattes de derrière, mais il n'a plus de pattes de devant, mieux partagé toutefois que le *Pseudopus* qui n'a plus que deux moignons sans doigts à l'emplacement des membres postérieurs. La série se clôt par notre orvet, *Anguis*, qui, serpent par l'aspect extérieur, possède un squelette de saurien avec rudiments de ceinture scapulaire, de sternum et de ceinture pelvienne. (Cf. M. Hébert, in *Annales de philosophie chrétienne*, février 1886, p. 488 *ad notam*.)

moins dans les grandes lignes et pour les groupes essentiels, un parallélisme à peu près parfait.

Il y a aussi les phénomènes du mimétisme, dont les évolutionnistes font état. On sait en quoi il consiste : nombre d'animaux revêtent des couleurs ou des formes qui, simulant la forme ou la couleur des objets sur lesquels ils se posent ou au sein desquels ils gîtent d'ordinaire, les rend en quelque sorte invisibles à leurs ennemis. Le plumage de la bécasse a une teinte qui permet difficilement de la distinguer des feuilles sèches parmi lesquelles elle se pose de préférence. Le lézard vert, *Lacerta viridis*, se confond avec le feuillage des arbres sur lesquels il va se réfugier, tandis que la teinte grise de son petit congénère des murailles, *Lacerta cinereus*, le rend moins apparent le long des pierres. La grenouille rainette de nos bois, *Hyla viridis*, se distingue à peine des feuilles de l'arbrisseau sur lequel elle a grimpé. La classe des insectes abonde en exemples analogues : il y a l'*Insecte-canne* ou *bâton ambulant*, orthoptère du genre *Phasma*, qui simule à s'y méprendre une branchette ou ramille desséchée; il y a encore, dans le même genre, la phyllie feuille-sèche, *Phyllium siccifolium*, des régions tropicales, qui, par sa forme ovale et ses ailes étalées à plat sur le dos, figure absolument une feuille.

Citons encore les chenilles arpenteuses de couleur brune ou obscure qui savent se raidir et se redresser en se posant sur leurs pattes de devant de manière à imiter parfaitement aussi une brindille sèche; certains papillons du genre *Sesia* ressemblent à s'y méprendre à des hyménoptères porte-aiguillon (abeilles, guêpes, frêlons); des cicindelles, des charançons, des buprestes et une foule d'autres, qui, pareillement, par de fausses apparences, savent échapper à leurs ennemis.

Il est d'autres cas où le mimétisme n'est plus seulement défensif comme dans les cas précédents, mais sert à l'attaque. Parmi les diptères, les bombyles et les volucelles affectent des formes qui les rapprochent assez des hyménoptères mellifiques pour leur permettre, à la faveur de cette ressemblance, de s'introduire dans les nids d'abeilles, de guêpes ou de bourdons et d'en dévorer le miel.

L'École évolutionniste voit là une série de faits à l'appui de la théorie : ce serait une loi de l'évolution pour la protection et la conservation des espèces, celles-ci une fois fixées.

IV

FAITS FAVORABLES A L'ÉVOLUTIONNISME

(*Suite*).

Les étages tertiaires et quaternaires de l'écorce du Globe, bien qu'incomparablement moins épais que l'ensemble des étages antérieurs, sont plus riches en fossiles, surtout en ce qui concerne les classes zoologiques supérieures et notamment celle des mammifères. La raison en est qu'ils sont beaucoup moins anciens. N'oublions pas que, selon l'un des princes de la science, M. Albert Gaudry, le monde terrestre « était déjà bien vieux » quand commença l'ère secondaire, l'ère des sauriens gigantesques, dont la durée fut encore de plusieurs millions d'années. A plus forte raison la période tertiaire est-elle *relativement* (très relativement, il est vrai) récente ; et l'on comprend sans peine que les débris des êtres vivants, et à plus forte raison ceux du pleistocène ou quaternaire ancien, se soient conservés en plus grand nombre et avec moins de lacunes que dans les formations antérieures. Les mammifères principalement ont fourni aux paléontologistes des richesses inappréciables, et les évolutionnistes ont trouvé parmi elles d'utiles éléments d'argumentation.

Il a été exposé ici même, dans un précédent travail (1), celle qui repose sur la gradation insensible de types qui, du *Palæotherium* à trois doigts dans l'ancien continent, et de l'*Eohippus* américain, à cinq doigts, tous deux éocènes, arrivent à notre cheval quaternaire et actuel (2) et à un *equus* du pliocène supérieur propre à l'Amérique. La souche de ces ancêtres de nos équidés serait-elle le *Coryphodon* du paléocène, et de ce dernier type ne pourrait-on faire descendre également ruminants, pachydermes, tous les ongulés? Plus d'un évolutionniste répondrait sans doute par l'affirmative : d'autres, moins aventureux, plus prudents, s'en tiendraient sagement au point d'interrogation.

Dans la troisième partie de son magistral traité des *Enchaînements*

(1) *Le transformisme et le programme officiel de paléontologie*. Cf. *Revue Thomiste*, septembre 1899.

(2) Voir un arbre généalogique très complet ayant pour souche le *Pachinolophus*, éocène de Reims et aboutissant, par les hipparions et les *equus* miocène et pliocène, aux équidés actuels. *Les Ancêtres de nos animaux* de M. ALBERT GAUDRY, p. 140.

du monde animal, M. Albert Gaudry remarque que, dans l'ordre des ongulés, le passage — entre les pachydermes périssodactyles ou imparidigités et les solipèdes ou équidés d'une part, entre les pachydermes artiodactyles ou paridigitidés et les ruminants d'autre part — « est si frappant que la plupart des naturalistes réunissent les pachydermes à doigts impairs avec les solipèdes sous le nom d'imparidigitidés, et les pachydermes à doigts pairs avec les ruminants sous le nom de paridigités (1). » L'éminent paléontologiste ne conteste point les différences considérables dans la structure ostéologique qui séparent encore ces divers groupes de types, mais il les attribue à des nécessités d'équilibre. Il reconnaît que la paléontologie n'a pas encore découvert « la preuve de changements successifs établissant un passage insensible des membres des paridigités aux membres des imparidigités ». Toutefois il estime qu'elle « commence à nous faire concevoir comment ces changements *auraient pu* avoir lieu ». Il entre d'ailleurs dans les plus minutieux détails concernant la structure des organes homologues des types voisins de proche en proche, avec des figures très soignées à l'appui, et établit ainsi, autant que faire se peut, la filiation supposée, ou, pour employer l'expression plus heureuse qu'il a choisie, *les enchaînements*, dans chaque ordre ou sous-ordre de la classe.

Le chapitre concernant les proboscidiens nous paraît offrir une particulière importance au double point de vue des enchaînements et de l'absence d'enchaînements qui, suivant les cas, s'y observe. Bien qu'il y ait été fait allusion déjà dans une étude précitée, il ne sera pas sans intérêt d'y revenir ici avec plus de détail. Si l'on considère le *Mastodon angustidens*, l'un des plus anciens proboscidiens, ou le *M. pyrenæus*, remontant au miocène moyen, on constate des différences importantes avec le genre *Elephas*, différence portant, dit M. Gaudry, sur la forme des dents, principalement des molaires, sur leur mode de remplacement, l'élévation de la tête, l'allongement du corps, la dimension et le nombre des défenses (quatre généralement chez les mastodontes (2), deux seulement

(1) *Les Mammifères tertiaires*, chap. VI.

(2) Le *Mastodon arvernensis* ou *brevirostris* n'avait pas de défenses inférieures. On cite aussi un mastodonte pliocène, dit de Turin, dans le même cas. Le *Mastodon americanus* n'avait de défenses inférieures que dans la jeunesse, elles disparaissaient à l'âge adulte.

chez les éléphants). Mais le genre *Mastodon* comprend de nombreuses espèces : pyreneus, angustidens, turicensis, ou tapiroïdes, latidens, longirostris, Pentelici, elephantoïdes, sivalensis, pour n'en citer que quelques-uns ; car M. Falconer, et d'autres paléontologistes après lui, ont montré 26 types intermédiaires qui les rapprochent insensiblement (1). Le mode de dentition est le caractère le plus saillant qui différencie les deux genres. Or, entre les différents types de mastodontes, les variations de la forme des dents se présentent par nuances insensibles; en sorte qu' « il est impossible en réalité de dire à quel moment une dent cesse de pouvoir être attribuée à un mastodonte pour être attribuée à un éléphant (2) ». Le passage du premier au second se ferait du *Mastodon latidens* et *M. elephantoïdes* (3) à *Elephas genesa* par l'exhaussement des *collines* des dents et le commencement de l'adjonction de cément dans leurs intervalles. Le cément augmentant amène la forme *E. insignis*, puis *E. planifrons;* puis, le nombre des collines se multipliant, on arrive à *E. meridionalis*, ensuite à *E. antiquus*, que suit *E. primigenius* ou Mammouth. Nos deux éléphants actuels de l'Afrique et de l'Inde complètent la série (4).

On ne peut nier qu'il y ait là un nouvel et remarquable exemple d'*enchaînements*, selon l'heureuse expression de M. Albert Gaudry, de types animaux les uns aux autres. Mais il y a aussi, dans le même ordre de mammifères, un exemple d'absence de tout enchaînement. Il nous est donné par un proboscidien tertiaire contemporain des premiers mastodontes, le *Dinotherium*, animal gigantesque à la dentition et à la trompe rappelant celle du tapir, dépourvu de défenses à la mâchoire supérieure, mais armé, dans les mandibules inférieures, de deux puissantes défenses dirigées vers le sol et recourbées en manière de pioches.

Ce pachyderme herbivore « s'est éteint, dit M. Gaudry, sans laisser de postérité ». Il a toutefois ceci de commun avec les autres proboscidiens que, comme eux, il est apparu brusquement

(1) Cf. marquis DE NADAILLAC, *L'Homme et le Singe*, t. II, p. 40.

(2) ALBERT GAUDRY, *loc. cit.*, p. 177.

(3) Appelé aussi : *Elephas Cliftii*. Mastodonte pour les uns, éléphant pour les autres, ce type représenterait la limite indécise entre les deux genres.

(4) Voir, dans *Les Ancêtres de nos animaux* de M. ALBERT GAUDRY, un tableau, sous forme d'arbre généalogique, des divers types de mastodontes et d'éléphants, depuis le miocène moyen jusqu'au quaternaire et à l'époque actuelle.

durant l'âge miocène. D'où sont venus *Mastodon angustidens* et *Dinotherium giganteum*? « De quels quadrupèdes ont-ils été dérivés? Nous l'ignorons encore ». Et, peut-on ajouter, n'est-il pas à craindre que ce ne soit pour longtemps? Si l'on peut saisir entre ces deux genres et d'autres mammifères quelques traits de ressemblance, « cependant la somme des différences est trop grande pour qu'on puisse indiquer une parenté entre les proboscidiens et les animaux des autres ordres connus jusqu'à présent (1) ».

Pour être moins saillants, les rapprochements entre caractères du groupe des carnivores (hyénidés, canidés, mustélidés, félidés, ursidés) n'en comportent pas moins des analogies et homologies établissant des passages, des transitions graduées des espèces fossiles entre elles et aux espèces actuelles. Et cependant ce groupe, comme le précédent, comprend aussi un type qui ne se rattache à aucun autre et auquel l'école évolutionniste ne trouve ni « ancêtre » ni « descendant ». Le féroce *Machairodus*, aux canines allongées en forme de poignard et coupantes comme cette arme, d'où son nom (μάχαιρα, poignard; ὀδούς, dent), représente dans son groupe, comme le *Dinotherium* dans le sien, une forme isolée et sans liens autour d'elle.

Parlerons-nous de l'ordre des quadrumanes (prosimiens et simiens), dans l'une des ramifications duquel l'école matérialiste veut *a priori* et à tout prix que se trouve l'ancêtre direct de l'être humain tout entier, corps et âme? Réservons ce dernier point qui demande à être traité à part, et disons seulement que la grande loi de continuité qui rapproche généralement les uns des autres les êtres organisés et vivants se vérifie dans l'ordre des quadrumanes, comme dans l'ordre des carnivores ou des proboscidiens, comme dans tous les autres.

De pareils rapprochements ont été faits en ce qui concerne le règne végétal; les travaux de MM. de Saporta et Marion et d'autres naturalistes en ont montré la suite et l'harmonie (2). Là aussi, comme dans le règne animal, se manifestent une ordon-

(1) *Loc. cit.*, p. 691.

(2) Cf. *Le Monde des plantes*, par le comte DE SAPORTA. Paris, Masson, 1879. — *L'Evolution du règne végétal*: I. *Les Cryptogames*, par G. DE SAPORTA et A.-F. MARION, Paris, J. B. Baillière, 1881. II et III. *Les Phanérogames*, mêmes auteurs et éditeur, 1885. — *Origine paléontologique des arbres*, par le marquis G. DE SAPORTA. Paris, J.-B. Baillière, 1888.

nance et une gradation admirables où nous pouvons saisir en grand nombre les traits d'un plan infiniment varié dans son unité, mais dont beaucoup d'autres traits nous échappent.

On comprend qu'à la vue de cet ensemble, de cette loi de continuité qui se montre d'autant plus apparente que des découvertes de fossiles plus nombreuses comblent un plus grand nombre de lacunes entre les organismes, on comprend que l'idée se présente naturellement à l'esprit, d'une filiation entre eux. « A mesure que j'ai étendu mes observations, écrit M. Albert Gaudry, je me suis confirmé dans la croyance que les êtres n'ont point paru isolément sur la terre sans liens les uns avec les autres; j'ai pensé que sous l'apparente diversité de la nature domine un plan où l'Être infini a mis l'empreinte de son unité. Dès lors, l'idée de découvrir quelque chose de ce plan a dirigé mes recherches paléontologiques (1). » « Les paléontologistes ne sont pas d'accord sur la manière dont ce plan a été réalisé; plusieurs, considérant les nombreuses lacunes qui existent encore dans la série des êtres, croient à l'indépendance des espèces et admettent que l'Auteur du monde a fait apparaître tour à tour les plantes et les animaux des temps géologiques de manière à simuler la filiation qui est dans sa pensée; d'autres savants, frappés au contraire de la rapidité avec laquelle les lacunes diminuent, supposent que la filiation a été réalisée matériellement, et que Dieu a produit les êtres des diverses époques en les tirant de ceux qui les avaient précédés. Cette dernière hypothèse est celle que je préfère (2). »

Du reste, l'éminent paléontologiste ne paraît pas insister beaucoup sur les causes prochaines ou immédiates de ces transformations : ces dernières lui apparaissent comme la conséquence naturelle des enchaînements qui paraissent relier les organismes entre eux, sans qu'il se préoccupe outre mesure du *comment* de leur réalisation : les innombrables changements survenus, durant l'immensité des temps géologiques, dans les conditions du sol, de

(1) *Mammifères tertiaires. Introduction*, p. 1.

(2) *Fossiles primaires. Introduction*, p. 3. — Le judicieux savant ajoute : « Mais qu'on l'adopte ou qu'on ne l'adopte pas, ce qui me paraît bien certain, c'est qu'il y a eu un plan. Un jour viendra sans doute où les paléontologistes pourront saisir le plan qui a présidé au développement de la vie. Ce sera là un beau jour pour eux, car s'il y a tant de magnificence dans les détails de la nature, il ne doit pas y en avoir moins dans leur agencement général. »

température, d'éclairement, d'humidité, d'assèchement, de composition atmosphérique et de rapports des organismes vivants entre eux, lui paraissent, non sans raison, une justification suffisante de son hypothèse.

A ce propos, remarquons, en passant, que M. Gaudry, en vrai savant, l'esprit libre et dégagé de tout parti pris, c'est-à-dire imbu du véritable esprit scientifique, ne pose sa théorie que comme une hypothèse. Il n'a garde de la donner, à l'encontre d'un trop grand nombre de ses confrères, comme une sorte de dogme scientifique qu'on est forcé d'admettre, sous peine d'être forclos du clan des hommes de science et relégué au sein du *servum pecus* des « obscurantistes ». Mais précisément parce qu'il reste sur le terrain de l'hypothèse, indiquant les motifs qui le portent à lui donner la préférence, sans prétendre l'imposer toutefois, sa théorie mérite une attention et une considération d'autant plus grandes.

D'autres partisans de l'évolution transformiste, moins circonspects, encore qu'irréprochables spiritualistes, invoquent, en outre des différences et changements de milieux et de la diversité des besoins et des conditions d'existence qui en sont la conséquence : la sélection naturelle résultant de la survivance des plus aptes ; les modifications avantageuses réalisées pendant la vie embryonnaire ; la loi de balancement des organes d'après laquelle tout changement produit sur un point quelconque de l'organisme aurait son contre-coup sur les autres parties et y produirait des modifications corrélatives. Brochant sur le tout, l'hérédité fixerait d'une manière permanente, au moins relativement, les modifications ainsi obtenues.

V

DIFFICULTÉS ET OBJECTIONS

Malgré tout ce que l'évolution transformiste ainsi présentée offre, à première vue surtout, le rationnel, de satisfaisant pour l'esprit, de séduisant pour l'imagination, elle ne laisse pas que de donner prise à d'assez nombreuses difficultés Il en est d'ordre purement scientifique; d'autres sont d'ordre philosophique et métaphysique;

nous les exposerons et les discuterons successivement. Enfin il en est d'ordre religieux; et celles-ci, quand elles s'adressent à la théorie transformiste telle que la comprennent et l'appliquent des hommes comme MM. Albert Gaudry, Saint-George Mivart, par exemple, ou encore le Dr Maisonneuve, ou de pieux religieux et autres savants dont le spiritualisme est au-dessus de tout soupçon sont à peine spécieuses; elles sont beaucoup plus propres, selon nous, à nuire à la cause qu'elles prétendent servir, qu'à ébranler une théorie plausible sans doute, mais essentiellement incertaine, comme nous espérons le démontrer.

Difficultés d'ordre scientifique. — Dans les règnes organiques, différentes influences telles que changements des milieux, d'éclairement, de température, d'hygroscopicité, sélection artificielle, etc., produisent des races différentes dans une même espèce, non des changements d'espèces. Une plante annuelle, pour devenir bisannuelle ou vivace; une plante herbacée pour devenir ligneuse; un arbre à feuilles caduques pour prendre des feuilles persistantes; un végétal aquatique pour s'accommoder d'un terrain exondé, et réciproquement, ne changent pas d'espèce pour autant. En les faisant passer par une succession de conditions inverses, on la ramènerait au point de départ.

Le fait de l'Axololt, amphibie perennibranche, engendrant en pleine eau son semblable et engendrant simultanément avec celui-ci l'Amblystome caducibranche en terrain exondé mais humide, indique plutôt une classification défectueuse de ces deux types qu'un véritable passage d'une espèce à une autre, et semble offrir un cas de reproduction à l'état larvaire. D'ailleurs, en faisant repasser progressivement l'Amblystome de l'habitat exondé à l'habitat aquatique celui-ci revient à la forme Axololt. La forme nouvelle n'est donc pas irrévocablement fixée.

Les transformations de mollusques et de crustacés, obtenues artificiellement par de savantes manipulations, prouvent une certaine malléabilité dans ces organismes inférieurs et la *possibilité*, sous certaines conditions très spéciales et dirigées par une cause intelligente, d'obtenir ces changements. Elles ne prouvent pas que les choses se passent ainsi d'elles-mêmes et surtout que ce soit une loi générale pour les êtres vivants de tous les degrés.

Dans le fait de la petite faune souterraine mise un beau jour en contact avec l'extérieur et en ayant éprouvé des modifications organiques, on n'indique pas la nature et l'importance de ces modications, lesquelles ont pu ne pas franchir, dans chaque type, les limites de l'espèce et, en tout cas, du genre. On ne dit pas, en effet, — et pour cause, sans doute — que les souris des mines du Creusot aient cessé, dans leur nouveau milieu, d'être des souris, les araignées d'être des araignées, etc. Dans le monde des infiniment petits, les modifications morphologiques ne prouvent rien contre la notion de l'espèce parce que, dit M. Duclaux, l'élève de Pasteur, « le monde des microbes est à l'état de mutation continue » et que, en eux, la variabilité constitue elle-même un caractère. Pasteur, au surplus, ne voyait pas, dans les transformations que les bouillons de culture font subir aux microbes, des mutations d'espèces, mais seulement « une élasticité fonctionnelle de la cellule, lui permettant de se plier, *sans changer d'être ni de devenir*, à des conditions variées d'existence » (1). On peut ajouter que le monde microbiologique est un monde à part, profondément distinct du surplus du monde organique, soumis à des lois différentes, et dont on ne peut rien conclure quant à la généralité des êtres vivants.

Le passage du genre *phécode* au genre *halicte*, dans la famille des abeilles, par gradation insensible; les nombreux types intermédiaires, entre des espèces vivantes ou fossiles, obtenus par les récents sondages maritimes, constituent des arguments de même nature que celui des intermédiaires entre les types *palæotherium* et *eohippus* d'une part et le genre *equus* européen ou américain d'autre part, ou de la gradation insensible des *Mastodon pyrœneus* et *angustidens* ou mammouth et à nos éléphants d'Afrique et de l'Inde. Ce sont là des applications de la loi de continuité; on n'est endroit d'en conclure rien de plus. Encore cette loi de continuité ne se vérifie-t-elle, par les faits constatés, que dans certaines directions, ce qui semblerait indiquer des séries créatrices différentes.

Dans la classe des mammifères, si l'on peut suivre une apparente filiation aboutissant au genre *equus* et au genre *elephas* à partir d'un premier palæotherium et d'un premier mastodon, il

(1) Cf. *Pour et contre l'évolution*, par l'abbé Leroy, t. I, p. 16. Paris, Bloud et Barral.

est difficile de reconnaître d'où dérivait chacun de ces deux premiers types; que si l'on veut voir leur ancêtre commun dans le coryphodon palæocène, combien d'intermédiaires ne manquent-ils pas encore à l'appel pour compléter la chaîne! Et le dinotherium, plus volumineux même que le mastodon et son contemporain qui n'a point laissé après lui de types pouvant s'y rattacher, à quel autre type antérieur se rattache-t-il lui-même? Parmi les carnivores, le Machairodus n'est ni un félidé, ni un hyénidé, ni un ursidé, ni un canidé; il ne tient pas davantage aux civettes (viverridés) ou aux martres (mustélidés); ni avant lui, ni de son temps, ni aujourd'hui, aucune bête ne lui a ressemblé ni ne lui ressemble; il n'a pas eu de « descendants » ; quels sont ses « ancêtres »?

D'autres exemples pourraient être cités dans le règne animal, de types ou de groupes ayant apparu sans types inférieurs s'y rattachant les ayant précédés, comme sans types de même ordre ayant apparu à leur suite.

Une des grandes illustrations de la science géologique au XIXe siècle, Joachim Barrande, l'auteur du *Système silurien du centre de la Bohême*, le savant consciencieux et impartial qui avait pris, comme épigraphe de tous ses écrits, ces paroles significatives : « C'est ce que j'ai vu », opposait à la théorie transformiste les faits suivants.

La brusque apparition, dès les temps primaires et en grande abondance, des *trilobites*, crustacés d'une organisation très parfaite et qui disparaissent dès le début de l'ère secondaire (n'ayant pas moins habité notre sphéroïde pendant une soixantaine, environ, de millions d'années); les *céphalopodes*, non moins dépourvus de précurseurs, apparaissant tout à coup au sein de la faune seconde ou ordovicienne ; puis, dans le silurien supérieur, la venue également subite des poissons ganoïdo-placoïdes. Sur *trois cent cinquante* formes de trilobites étudiées avec un soin minutieux et à des milliers d'exemplaires par l'illustre géologue, *dix* seulement portaient traces de variations, d'ailleurs insuffisantes pour affecter le caractère de l'espèce, lesquelles, bien loin d'aller en progressant, s'affaiblissaient peu à peu et finissaient par disparaître (1). Déjà

(1) Cf. *Joachim Barrande et sa carrière scientifique*, par C. DE LA VALLÉE-POUSSIN, in *Revue des questions scientifiques*, t. XVI, 1re série, juillet 1884.

nous avons vu, dans la première partie de la présente étude, M. de Lapparent appeler l'attention sur la manière subite et sans préparation antérieure, dont apparaissent, dès les premières traces de vie sur notre planète et en grand nombre, des types organiques divers très compliqués et complets.

Des constatations analogues à celle de Barrande ont été faites par différents autres savants paléontologistes au sujet des céphalopodes, acéphales et brachiopodes du silurien ; pour la faune dévonienne du bassin belge, pour les reptiles des débuts du trias, pour les végétaux fossiles des périodes primaire et secondaire (1).

A cela les évolutionnistes peuvent répondre, et ils ne s'en font pas faute, que les fouilles et observations faites jusqu'ici par les géologues et les paléontologistes n'ont porté que sur un nombre de points relativement fort restreint ; que néanmoins ces fouilles ont permis déjà de combler beaucoup de lacunes parmi les intermédiaires manquants ; qu'il est légitime de présumer que des fouilles nouvelles et des recherches plus complètes feront apparaître des fossiles encore inconnus ou, au fond des mers, des formes vivantes non encore observées et qui viendront, peu à peu, s'intercaler dans les cases laissées vides sur l'arbre généalogique de la nature vivante.

Tout cela est à la rigueur possible, mais ce n'est qu'un *possible* ; et tant qu'une théorie ne s'appuie que sur des possibles, elle ne saurait prétendre à un rang plus élevé que celui de simple hypothèse. D'ailleurs il est plus que douteux qu'on trouve jamais, au-dessous du Cambrien, toute la série décroissante de types de moins en moins parfaits qui établiraient la généalogie des formes très compliquées et, parfaites en leur genre, apparaissant subite-

(1) Cf. *Apologie scientifique* du chanoine DUILHÉ DE SAINT-PROJET, 4e édition, chap. XIVe, § III. Citations à l'appui : « Voilà vingt-cinq ans que je poursuis les horizons fossilifères du bassin belge, en les isolant avec soin les uns des autres... Je n'ai encore trouvé, ni dans le temps ni dans la forme, le passage de deux types bien déterminés » (Gosselet). « Une chose est certaine, c'est que l'ensemble de témoignages des flores fossiles est opposé à la doctrine du développement dû à l'évolution par filiation » (Carrüthers) « D'un côté, tous les faits sont en faveur de la création indépendante ; de l'autre, ils sont non moins contraires à la transmutation » (Grand'Eury. *Revue scientifique*, avril 1879.)

Ce ne sont ici, ainsi présentés, que des arguments d'autorité, et d'ailleurs négatifs : ce que tels et tels savants n'ont pas vu, d'autres ont cru le voir ; et l'on pourrait ainsi opposer autorités à autorités. Mais ces divergences de constatations et d'appréciations entre savants de haute valeur montrent combien il y a encore d'incertitude et de doute à la base même de la théorie.

ment aux divers étages primaires et les reliant à des organismes élémentaires et primitifs.

L'évolution, si évolution il y a eu, aurait donc eu pour point de départ un très grand nombre de formes vivantes, déjà savamment organisées, et appartenant à peu près, au moins dans le règne animal, à tous les embranchements de nos classifications, vertébrés compris.

Du reste, le règne végétal n'offre pas moins de difficulté à concilier certains faits avec la théorie. Dans un mémoire très étudié, présenté au Congrès scientifique catholique international de Bruxelles, en septembre 1894, M. l'abbé Boulay, docteur ès sciences et professeur à l'université catholique de Lille, a fait ressortir ces difficultés. Botaniste éminent, il s'est livré notamment à une étude approfondie du genre *rubus* (ronce) auquel les spécialistes n'attribuent pas moins, dans l'Europe moyenne, de dix à vingt mille formes ou variétés qu'il serait possible de distinguer, même sur des échantillons d'herbier, et qui, dans la nature, ne passent pas de l'une à l'autre. Puis on s'est aperçu que ce sont des produits de croisement susceptibles de se fixer, de se reproduire, d'acquérir une certaine aire de distribution, de se comporter en fin de compte comme autant d'espèces irréductibles.

Ceci semble tout d'abord éminemment favorable à la thèse évolutionniste. Mais attendons. On ne peut méconnaître d'ailleurs que la variété ne soit très grande dans certains groupes et même dans l'ensemble du règne végétal; et à travers les myriades de siècles du passé géologique, que n'a-t-elle pu faire ?

Mais d'autre part les botanistes signalent des types spécifiques, très caractérisés, qui ne passent point aux espèces voisines: parmi les cryptogames, une mousse *Hypnum crista-castrensis* ; parmi les phanérogames, *Lythrum salicaria*, *Rubus cæsius*, et des milliers et milliers d'autres. D'où proviennent-ils? Sans doute nous ne pouvons ni affirmer qu'ils ont été créés tels, ni préciser à quelle époque ils remontent. Mais la théorie de l'évolution, ici, ne nous renseigne point. Demander à ses partisans de quelles plantes descendent *Lythrum silicaria*, *Capsella* ou *Thlaspi Bursa pastoris*, *Cheiranthus cheiri* (ravenelle ou giroflée jaune), etc., etc.; peut-être se récrieront-ils en répondant qu'on ne peut le savoir; mais nous ne serons pas renseignés davantage, et quel n'est pas le défaut d'une théorie qui, expliquant certains faits, est hors d'état d'en expliquer une foule d'autres!

Un paléophytologiste des plus distingués, mort depuis quelques années, le marquis de Saporta, apôtre ardent de la transformation des espèces, écrivit naguère un livre sur l'*Origine paléontologique des arbres*. Il y fait dériver le genre chêne du *Dryophyllum* crétacé, en passant par le châtaignier miocène. Il se peut qu'il en soit ainsi; mais le Dryophyllum dont les caractères se retrouvent épars sur les chênes et les châtaigniers, d'où dériverait-il lui-même?

Le genre *Pinus*, dans la famille des abiétinées, contient encore aujourd'hui une multitude de formes différentes qu'on a dû répartir, pour tâcher de s'y reconnaître, en six sous-genres, parmi quelques-uns desquels il a fallu établir encore des sous-groupes. M. de Saporta y voit « des restes appauvris d'anciennes races plus puissantes et plus variées que les nôtres (1) ». Les plus anciennes remontent à l'oolithe inférieure, c'est-à-dire à la base même du jurassique moyen. Mais ces premiers pins, de quelle autre forme antérieure dérivent-ils? On l'ignore. Il en est de même pour la plupart des groupes: on leur trouve bien des affinités jusqu'à un point de départ plus ou moins éloigné dans le passé et présentant déjà un degré élevé d'organisation; mais de l'origine de ce type primitif, on ne sait rien.

Bien mieux, dans l'un et l'autre règne, les formes les plus élémentaires, celles qui occupent les degrés inférieurs de l'échelle biologique, ont persisté telles quelles jusqu'à nous, ayant traversé toute l'énorme durée des temps paléontologiques, parallèlement aux formes si changeantes des organismes plus élevés.

On pourrait citer un grand nombre d'autres cas où la théorie transformiste est muette. Prenons des végétaux inférieurs: certains champignons, par exemple, peuvent être à la rigueur considérés comme dérivés des Algues et devenus parasitaires; tels les *Phycomycètes*, dont le nom est significatif (φῦκος, algue; μύκης, champignon): mais d'autres champignons, agarics, bolets, truffes, etc., qu'en ferons-nous (2)?

On voit que si la théorie d'évolution transformiste explique un

(1) *Origine paléontologique des arbres*, p. 71.

(2) Nous devons beaucoup, dans ces exposés botaniques, à de très obligeantes communications du savant abbé Boulay.

certain nombre de faits, non moins nombreux sont ceux qu'elle n'explique pas. En physique, on soumet les théories à un critérium que les physiciens ont appelé *experimentum crucis*, et qui consiste en ceci : que si deux systèmes sont en présence expliquant, chacun à sa manière, à peu près tous les faits, mais si l'on établit par expérience un phénomène que vérifie l'un des deux systèmes et non l'autre, ce dernier est impitoyablement abandonné. En histoire naturelle, il n'est pas possible d'instituer l'*experimentum crucis;* mais les faits qu'est impuissante à expliquer chacune des deux théories créationniste et évolutionniste étant nombreux de part et d'autre, on doit en conclure que le problème de l'origine des espèces ne comporte pas jusqu'à présent de solution précise et certaine et reste, quelque système qu'on adopte, dans le domaine de la simple possibilité et de l'hypothèse.

Le fait de l'existence chez divers animaux, ou même en quelques plantes, d'organes rudimentaires ou inutiles, fournit aux évolutionnistes, nous le reconnaissons volontiers, un argument d'une certaine valeur. Mais il n'est pas irréfutable. Laissant de côté les considérations d'esthétique qui ne nous paraissent avoir rien à faire ici, on peut dire que, le plan divin étant admis — et nous n'avons en vue ici que l'évolutionnisme spiritualiste, lequel implique ce plan, — les organes rudimentaires établissant la transition d'un type à un autre, sont une marque de l'unité de ce plan. D'ailleurs la suppression de certains organes est loin de marquer toujours une supériorité : on ne voit pas que le mode ambulatoire de l'ophidien sur ses anneaux soit supérieur à celui du saurien quadrupède dont il serait censé un des descendants. Et quant à la présence de tétons à la poitrine des mâles, on ne voit guère en quoi l'évolutionnisme aurait lieu de s'en prévaloir, personne n'ayant supposé qu'à l'origine les mâles auraient, concurremment avec les femelles, allaité leurs petits. Que l'attribution du sexe s'établisse en un moment ou en un autre du développement de l'embryon dans le sein maternel, le fait de fausses mamelles chez les mâles, dans la classe des mammifères, n'est pas moins difficile à expliquer dans l'hypothèse transformiste que dans la théorie créationniste(1).

(1) Faut-il accepter cette explication que l'attribution du sexe ne se ferait, dans le sein de la mère, qu'après un certain développement de l'embryon, déjà pourvu des rudiments des glandes mammaires ?

Le passage de l'embryon d'un vertébré supérieur par les formes successives des vertébrés inférieurs suivant l'ordre croissant de l'échelle zoologique peut bien constituer, en faveur de l'évolutionnisme, une analogie ; elle n'établit pas une preuve. Il n'y a preuve ici qu'à l'égard de l'unité du plan divin également admise par les deux écoles. Les mêmes lois générales présidant à la reproduction des organismes, rien d'étonnant à ce que les plus élevés traversent les phases qu'ont traversées ceux qui leur sont inférieurs. Par la même raison le parallélisme (qu'il ne faut d'ailleurs point exagérer) entre les trois ordres de la progression des espèces, de leur apparition aux successives époques géologiques, et de leur développement embryogénique, s'explique d'une manière très satisfaisante par le plan préconçu qui a présidé à la formation des êtres.

Parlerons-nous des phénomènes du mimétisme, cette imitation par les formes, la couleur ou les attitudes, d'objets ou d'animaux tout différents de ceux qui en sont le sujet? Il faudrait, pour qu'on pût en tirer argument, que ces faits fussent constants et non exceptionnels et qu'ils ne fussent pas contredits par des faits similaires en sens inverse. Ouvrons quelques-uns des nombreux volumes de *Souvenirs entomologiques* de M. Henri Fabre, cet incomparable observateur qui a passé cinquante ans de sa vie à étudier les mœurs des animaux, principalement des insectes, à expérimenter sur eux en les soumettant de gré ou de force aux circonstances les plus variées. Nous y verrons qu'en opposition à la bécasse couleur de feuilles mortes, au lézard vert ordinaire couleur du feuillage des arbres et de l'herbe des prairies, et maints autres cas analogues où la teinte serait destinée à protéger le sujet contre ses ennemis, on est en droit de se demander pourquoi le lézard ocellé de Provence, *Lacerta ocellata*, du plus beau vert, lui aussi, gîte exclusivement sur des rochers arides et nus, dépourvus de toute trace de verdure; pourquoi la bergeronnette cendrée qui picore dans les terres labourées, a la poitrine blanche avec un col noir, couleurs particulièrement voyantes; pourquoi, tandis que la chenille du chou affecte la nuance des feuilles qu'elle ronge, la chenille de l'euphorbe se pare des couleurs les plus contrastantes à celle de cette plante. « Semblable série de pourquoi, dit le savant naturaliste, pourrait indéfiniment se poursuivre. A chaque exemple du mimétisme, je me ferais un jeu d'opposer en foule des exemples contraires. » Au résumé, les cas de mimétisme ne sont que des exceptions au sein d'une multitude de cas opposés.

Dans ses recherches et observations très approfondies sur les mœurs des insectes, M. H. Fabre trouve à chaque pas des considérations très fortes contre les théories transformistes. Il est vrai qu'un autre naturaliste d'un incontestable mérite, un Anglais, sir John Lubbock, y puise des arguments en sens contraire. La théorie reste donc toujours problématique (1).

VI

OBJECTION PHILOSOPHIQUE

On a, dans ces dernières pages, sommairement indiqué les principales objections d'ordre général que, dans le champ des sciences naturelles et sous le couvert d'une philosophie spiritualiste, le système évolutionniste rencontre sur son chemin. On en pourrait signaler d'autres. Celles-ci suffisent à établir le caractère dubitatif, hypothétique de la théorie. Quant aux objections de détail concernant le mode d'action de la loi supposée des variations spécifiques, il ne semble pas indispensable de s'y attacher, parce que, en ce qui les concerne, il n'y a pas accord entre les partisans de l'évolutionnisme, et que les plus sages d'entre eux, ceux que guide le mieux le véritable esprit scientifique, se bornent à déduire, du tableau des enchaînements apparents des organismes les uns aux autres, la théorie qu'ils préfèrent, sans trop s'appesantir sur le *comment* de l'opération.

Mais il est une objection d'un autre ordre qui serait très grave si elle ne comportait aucune réponse satisfaisante, tant en raison

(1) La querelle ou discussion entre évolutionnistes et créationnistes sur le terrain spiritualiste est admirablement résumée dans un exposé très clair et très détaillé en deux opuscules de la collection *Science et Religion* et intitulés : *Pour et contre l'évolution, Étude sur l'origine des espèces*, par l'abbé Leboy, ancien directeur au grand séminaire de Séez.

de sa portée même que de la haute valeur des penseurs qui l'ont émise.

C'est une objection d'ordre métaphysique. Qu'on nous permette de reproduire ici une page d'un philosophe néo-scolastique de grande envergure où cette objection nous paraît le mieux et le plus clairement présentée :

« Nous affirmons que le transformisme ou le système de la transformation des espèces, pris dans sa généralité, est absolument inconciliable avec les principes de la métaphysique, en particulier le principe de causalité, et qu'il ne trouve même que là sa réfutation directe et péremptoire. Il est incontestable, en effet, pour peu que l'on observe sérieusement les règnes de la nature, qu'il y a un assez grand nombre d'espèces de plus en plus parfaites. Assurément le vertébré diffère spécifiquement du mollusque, du ver, de l'éponge et leur est supérieur : le genre de vie, les propriétés, l'instinct, tout en témoigne surabondamment. Et parmi les vertébrés, il y a certainement des groupes d'essence différente et ascendante, depuis les poissons jusqu'aux mammifères. A moins de nier les essences et par conséquent tout l'objet de la métaphysique et la métaphysique elle-même, il faut bien reconnaître que les animaux ont des natures ou essences ; et, à moins de ne tenir aucun compte de l'observation commune, d'ailleurs la plus sérieuse, il faut bien reconnaître que ces natures sont différentes et graduées en quelque manière. Mêmes considérations à appliquer au règne végétal.

« Or, il est insoutenable en métaphysique qu'une espèce inférieure puisse produire comme cause génératrice une espèce supérieure ; car la cause génératrice étant vraiment la cause principale ne peut donner un effet qui la surpasse essentiellement : le moins ne donne pas le plus (1). »

Bien loin de nous la pensée de méconnaître le rôle qui revient à la métaphysique au-dessus des sciences d'observation dont le légitime contrôle lui appartient de droit. Ce serait la négation de toute philosophie, voire du spiritualisme lui-même ; ce serait donner raison au matérialisme le plus caractérisé. Refuser la qua-

(1) L'abbé Élie Blanc, professeur de philosophie à l'université catholique de Lyon : *Le transformisme et les controverses récentes*, in *Mélanges philosophiques* ; un vol. in-8° de VIII-395 p., 1900, Paris et Lyon.

lité de science à la métaphysique par ce motif qu'elle ne s'appuie pas sur l'observation et l'expérimentation serait équivalent, adéquat à la refuser à la mathématique pure qui, elle non plus, ne se fonde pas sur l'expérimentation et l'observation, mais seulement sur des principes et des raisonnements de déduction, exactement comme la métaphysique elle-même.

Mais si les droits et le rôle de la métaphysique sont hors de conteste, leur application aux théories d'ordre physique et surtout physiologique, est plus délicate et plus difficile.

Certaines expressions identiques diffèrent, sinon de signification fondamentale, du moins de portée, suivant qu'il s'agit de sciences métaphysique ou naturelle. Par exemple, les mots *genre* et *espèce* ont, en métaphysique, un sens abstrait et général qui se particularise et se concrétise, dans les classifications botanique et zoologiste, au point de leur donner une valeur fort différente. On a réuni sous le nom d'*espèce*, dans chacun des deux règnes organiques, les êtres qui se ressemblent entre eux, plus qu'ils ne ressemblent à tous autres. Diverses espèces étant ainsi reconnues, il se trouve que les groupes formés de la sorte ont certaines affinités, certaines ressemblances dans des directions différentes, qui conduisent à faire, pour les groupes spécifiques, un classement analogue à celui des individus. Ces groupes d'espèces sont appelés *genres*. Ainsi *Quercus Ilex*, *Q. Suber*, *Q. Robur*, par exemple, sont trois espèces appartenant au genre *Quercus*.

Mais pour soulager la mémoire et se reconnaître moins malaisément parmi les innombrables types que nous offre la nature, on a dû faire pour les groupes appelés *genres* ce qu'on avait fait pour les groupes appelés *espèces*; on les a réunis en *familles*; les familles ont été groupées en *ordres*, les ordres en *classes*, les classes en *embranchements*.

Pour continuer sur le même exemple, le genre Quercus appartient : 1° à la famille des quercinées ou cupullifères qui comprend châtaignier, chêne et hêtre; 2° à l'ordre des apétales amentacées; 3° à la classe des phanérogames; et 4° à l'embranchement des dicotylédones ou dicotylées.

Dans le règne animal nous pouvons citer, entre tant d'autres, le genre *canis* de la famille des canidés, ordre des carnivores, classe des mammifères, embranchement des vertébrés.

Ce sont là des exemples d'une classification compliquée, au fond plus subjective que réelle, et nécessitée par la nature même de l'esprit humain plus analytique qu'intuitif. Mais si nous faisons, pour un instant, abstraction de la technologie botanique et zoologique, où placerons-nous, en toute cette vaste nomenclature, l'*espèce* et le *genre* au sens métaphysique? Sera-ce le phanérogame qui sera *genre* par rapport à l'*espèce* apétale, ou le canidé qui sera *espèce* par rapport au *genre* carnivore, etc.?

Assurément, il y a des natures, des essences différentes dans le monde organique (1); et il est indubitable qu'une espèce, autrement dit une essence donnée, ne peut en aucune façon produire, comme cause génératrice, une espèce ou essence supérieure; le moins ne pouvant donner le plus, de même que le rien ne peut produire quelque chose. Et là est l'objection irréductible, victorieuse, contre le monisme hæckélien comme contre toute théorie évolutionniste à base matérialiste.

Mais est-il bien établi, est-il prouvé que, par exemple, le règne animal tout entier (l'homme non compris, bien entendu) représente, *au sens métaphysique*, plus d'une espèce, plus d'une essence, plus d'une nature? Sans doute, sous le rapport des facultés d'instinct, de connaissance sensitive, de sensibilité, de motilité, etc., la distance est immense entre un mollusque quelconque — mettons un colimaçon, *Helix* — et un vertébré supérieur comme un singe anthropoïde ou un chien; mais ces facultés sont-elles d'une nature différente? Autrement dit, et pour préciser, l'âme animale est-elle d'une autre nature dans le mollusque et dans le mammifère? Et la très grande différence de degré qui sépare la forme animale inférieure de la supérieure, ne tiendrait-elle pas uniquement aux différences dans le nombre, l'agencement, la disposition et le mode de fonctionnement des organes de chacune d'elles? De telle sorte que le même principe vital trouvant à sa disposition des organes

(1) Il est à peine besoin de faire observer que le mot *essence* n'est pris ici que dans son acception philosophique, et nullement, même quand il s'agit du règne végétal, dans l'acception technique adoptée en sylviculture pour désigner les diverses espèces d'arbres qui entrent dans la composition d'un peuplement forestier.

Un fait qui semblerait à l'appui de l'incertitude qui règne, au moins en botanique, sur la véritable valeur des expressions de genre et d'espèce, c'est celui de la greffe qui réussit non seulement entre espèces proprement dites, mais entre genres différents. On

plus développés et plus complets ne ferait qu'user d'éléments d'action plus étendus.

Dans un ouvrage assez récent et d'une grande valeur au point de vue paléontologique, l'illustre professeur Gaudry montre la marche ascendante, dans le règne animal, de ce qu'il appelle les facultés « d'activité, de sensibilité et d'*intelligence* (1) ». L'erreur philosophique de cet ouvrage consiste en ce que le très savant écrivain n'a fait aucun départ, aucune distinction, entre l'intelligence proprement dite, la connaissance abstraite et généralisatrice atteignant l'universel, laquelle est le propre de l'homme, et ce que la langue courante appelle inexactement l' « intelligence des animaux », et qui n'est en réalité que la connaissance sensible ne s'étendant pas au delà du particulier et du concret qu'elle ne saurait dépasser. Mais, toute réserve faite sur ce défaut du côté philosophique de la thèse, il n'est pas contestable que le très compétent naturaliste n'établisse d'une manière lumineuse la relation constante entre le progrès des facultés psychiques de l'animal et le progrès de son développement organique.

N'est-il pas permis d'en conclure que le règne animal tout entier *pourrait* ne comprendre qu'une seule essence, une seule nature, une seule espèce au sens métaphysique : l'*espèce* animale, par opposition à l'*espèce* humaine et à l'*espèce* végétale, comprises toutes trois, avec le règne inorganique, dans le *genre* créature ou être créé.

Dans cette hypothèse, on peut concevoir l'opération divine de la création comme se répartissant en quatre actes principaux :

Création du monde inorganique *ex nihilo*, la lumière comprise ;

greffe couramment le poirier sur le cognassier, le pêcher sur l'abricotier, le prunier sur le cerisier. On a même réussi à greffer avec succès le chêne sur le châtaignier. Il semble que s'il y avait une différence *essentielle* de nature entre ces différents genres botaniques, ils ne pourraient s'associer ainsi dans l'expansion vitale. — On cite même un cas d'association analogue à la greffe du chêne et du hêtre. C'est aux environs de Louvain (Belgique), dans le domaine de Meerduel, appartenant à M. le duc d'Arenberg : on y voit un chêne et un hêtre soudés à leur base et formant, jusqu'à la hauteur de 1m,60, un tronc unique de 5m,15 de circonférence (1m,64 de diamètre) [Cf. le *Bulletin* de la Société forestière de Belgique, mai 1901]. Il est certain que deux arbres de familles très différentes, un hêtre et un sapin, par exemple, ne se seraient point confondus en un tronc unique à la base, si rapprochés qu'ils eussent été; leurs troncs respectifs se seraient aplatis l'un contre l'autre, mais en conservant chacun son individualité propre.

(1) *Essai de paléontologie philosophique*. Paris, Masson. — Nous avons présenté, au Con-

Création du principe de la vie végétative surajouté à certains éléments du monde inorganique;

Création du principe de la vie animale comprenant la sensibilité, les instincts, les appétits et la motilité, surajoutés à la vie végétative;

Enfin, création de l'homme qui seul réunit en lui la triple nature végétative, sensitive et intellectuelle ou raisonnable (1).

Par là on échappe, ce semble, à l'objection tirée du principe, qui nous paraît inapplicable ici, de l'impossibilité pour une espèce inférieure de produire, comme cause génératrice, une espèce supérieure. On peut concevoir l'essence végétale comme étant la même pour toutes les plantes, l'essence animale comme étant la même pour toutes les bêtes, essences immatérielles bien que non spirituelles et produisant, sous l'action de causes extérieures, des effets différents suivant le moule matériel auquel elles se trouvent adaptées, ce moule se modifiant de diverses manières sous l'influence des dites causes extérieures, d'ailleurs nombreuses et variées.

Dieu, nous dit-on, « ne peut donner à un être que la vertu qu'exige ou du moins que comporte ou permet son essence Il ne peut donner à une pierre la vertu de végéter, ni à une plante celle de sentir (2), ni à une brute celle de raisonner (3). S'il donnait à cette pierre, à cette plante, à cette brute, ces vertus supérieures, il les transformerait substantiellement en réalité : telle propriété,

grès scientifique catholique de Fribourg-en-Suisse en août 1897, un mémoire tendant à établir la distinction si essentielle entre la connaissance animale et la connaissance humaine méritant seule le nom d'intelligence, distinction que paraît avoir ignorée le très savant et très distingué membre de l'Académie des sciences.

(1) Sans vouloir s'autoriser ici du texte de la *Genèse*, il n'est pas interdit de relever, dans le premier chapitre du Livre inspiré, la disposition suivante :

Après les versets 1 et 2 se rapportant à l'ensemble de la création, les suivants, jusqu'au 10e inclus, comprenant les deux premiers *jours* et la première moitié du troisième, et les versets 14 à 19 racontant l'apparition des astres, concernent seulement le monde inorganique ;

La création du règne végétal est l'objet des versets 11, 12 et 13 ;

La création du règne animal, sorti en partie des eaux, en partie du sol, forme comme une troisième opération de l'Ouvrier divin :

Enfin la Puissance créatrice s'inspire manifestement d'une préoccupation et d'une sollicitude toutes particulières (*Gen.*, I, 26 à 31), pour la formation du premier homme qu'elle créa d'ailleurs masculin et féminin (*masculum et feminum*).

(2) et (3) La verge d'Aaron changée en serpent, les verges des magiciens du pharaon subissant la même transformation (*Exode*, VII, 9 à 12) ; l'ânesse de Balaam adressant la

en effet, emporte telle nature. Et si toute chose, dans les règnes de la nature, avait ainsi la vertu immédiate ou médiate de végéter, de sentir et de raisonner, tous les êtres de ce monde seraient de même nature et de même espèce au fond ; ils ne différeraient qu'accidentellement » (1).

L'évolutionnisme matérialiste n'a rien à répliquer à cela et ne peut trouver à y opposer que des sophismes. Mais le transformisme spiritualiste, ici, ne nous paraît pas être touché. Il ne s'agit point d'attribuer à une pierre la vertu de végéter, ou, en langage scientifique, d'admettre la formation des organismes, même les plus élémentaires, par le seul concours de l'activité physico-chimique des éléments minéraux. Il ne s'agit pas davantage de faire sortir la vie sensitive du simple développement de la vie végétative, moins encore d'accorder le germe de la raison à la brute. Il s'agit simplement de considérer les différents types des deux règnes organiques comme des *accidents* d'une même essence végétale ou d'une même essence animale (2). Ce n'est là, sans doute, qu'une hypothèse, mais cette hypothèse nous semble n'être contraire à aucun principe métaphysique et partant n'être pas absurde.

L'éminent métaphysicien avec lequel nous nous sommes permis d'ouvrir cette petite discussion fait remarquer qu'en admettant les transformations supposées comme résultant du vouloir de Dieu, l'on ne saurait rien en conclure de favorable au transformisme, attendu que le transformisme « suppose que les espèces inférieures ont la vertu de *se transformer elles-mêmes* en espèces

parole, et une parole fort rationnelle à son maître, semblent des faits peu conformes aux assertions ci-dessus. Il est vrai que nous sommes ici dans le préternaturel. Mais ce qui, une fois établi le cours régulier des choses, est devenu préternaturel ou extranaturel, n'aurait-il pas pu, du moins en principe, être naturel à l'origine, au cours de l'œuvre créatrice ?

(1) L'abbé Elie Blanc, *loc. cit.*, p. 353.

(2) On n'ignore pas que, parmi les organismes tout à fait inférieurs, la distinction est assez difficile à établir entre les deux règnes organiques, et qu'il existe en nombre relativement assez grand des organismes ambigus (spongiaires, anthozoaires, polypiers). Entre les protozoaires et les protophytes la limite n'est pas toujours aisément saisissable. Entre la vie purement végétative et la vie végéto-sensitive, n'y aurait-il que deux accidents d'une même essence ? Nous n'irions pas jusque-là ; mais la question peut se poser.

supérieures, immédiatement ou à travers une longue suite de générations » (1).

Ici encore l'évolutionnisme matérialiste nous paraît seul atteint. M. Albert Gaudry, partout où il soutient sa théorie des « Enchaînements » du règne animal, y voit et y signale l'existence d'un plan conçu, réalisé et dirigé par le souverain Auteur de toutes choses, sans se prononcer d'ailleurs, quant à présent, sur la manière dont Dieu a procédé pour réaliser ce plan. C'est que peu importe à la théorie de transformation des organismes que cette transformation se soit effectuée suivant tel ou tel mode de causalité, celle-ci étant hors de discussion et pouvant agir aussi bien en vertu d'une loi posée à l'origine et s'appliquant à tous les cas qu'en vertu d'une intervention directe du Créateur en chacun d'eux.

VII

L'HYPOTHÈSE ÉVOLUTIONNISTE ÉTENDUE A LA MATIÈRE PREMIÈRE DU CORPS DE L'HOMME

De tout ce qui précède, il résulte que la théorie évolutionniste, considérée comme mode de création des règnes végétal et animal, n'explique que par voie purement hypothétique un certain nombre de faits, en laisse sans explication un grand nombre d'autres, mais d'autre part ne se heurte à aucune objection de principe, reste possible et, dans une certaine mesure, non-invraisemblable, et paraîtrait même, mieux que la théorie exclusivement créationniste, correspondre à la Souveraine Sagesse et au gouvernement général de la Providence.

Cependant des penseurs se sont rencontrés pour s'élever avec une grande énergie, au nom des croyances chrétiennes et de la foi catholique, contre tout concept de la création autre que le strict créationnisme, c'est-à-dire autre qu'une intervention spéciale et immédiate du Créateur tirant directement du néant chacun des innombrables types organiques qui ont paru et se sont succédé

(1) L'abbé Elie Blanc, *loc. cit.*, p. 355.

sur la Terre pendant les quatre-vingts ou cent millions d'années écoulées depuis les premières manifestations de la vie sur ce soleil à peine éteint, jusqu'à l'apparition de l'homme vers la fin des âges quaternaires.

Nous ne croyons pas cette considération d'orthodoxie exacte; et nous pensons que, sur le terrain commun du spiritualisme, la querelle entre créationnistes et évolutionnistes est du domaine purement scientifique et n'a pas à user d'arguments d'une autre nature.

Avant d'en administrer la preuve, qu'il nous soit permis de citer à ce propos une anecdote.

C'était à Paris, en avril 1891, à la section d'anthropologie du Congrès scientifique international des catholiques, et sous la présidence du très regretté Mgr Freppel, évêque d'Angers, assisté du non moins regretté Mgr d'Hulst, recteur de l'Université catholique de Paris La question de l'évolutionnisme était précisément à l'ordre du jour et donnait lieu à d'ardentes discussions, toutes d'ordre exclusivement scientifique, lorsqu'un des congressistes, savant médecin, M. le Dr Jousset, demanda la parole et se posa, *en tant que catholique*, en adversaire de l'évolution. Il regretta hautement que, dans une assemblée de catholiques, cette doctrine pût rencontrer des partisans, adjurant en quelque sorte ses collègues du Congrès d'être unanimes, *au nom de leur foi*, à la rejeter.

Cette motion fut à peu près unanimement repoussée. Mgr Freppel, pour son compte personnel, hostile, *scientifiquement*, à la théorie évolutionniste, s'éleva vivement contre la prétention de la combattre au nom de la religion. Mgr d'Hulst appuya très nettement l'avis du président, fortement soutenu, entre autres, par M. le Dr Maisonneuve, professeur à l'université catholique d'Angers et par M. l'abbé Guillemet. De la part de ces deux derniers, partisans très convaincus du système de l'évolution, cet appui était tout naturel. Mais de la part des deux prélats, nullement acquis à la théorie, l'opposition aux vues du Dr Jousset était significative.

Le même docteur revient aujourd'hui à la rescousse par une brochure toute récente, éditée chez J.-B. Baillière sous ce titre : L'HOMME-SINGE (*Pithecanthropus erectus*) *et la doctrine évolutionniste*. On voit, par le simple énoncé de ce titre, que le savant docteur comprend, en un seul et unique *bloc*, toutes les théories transformistes jusqu'au composé humain inclusivement (1).

Par là nous sommes amené à envisager, avant d'aller plus loin, ce dernier côté de la question, réservé jusqu'ici.

Il est de toute évidence que pour qui veut considérer l'homme tout entier, corps et âme, comme un produit naturel et normal de l'évolution transformiste, suivant la thèse du monisme hæckélien, l'objection métaphysique, si clairement mise en lumière par M. Elie Blanc, garde sa force entière et invincible. Entre l'âme animale et l'âme humaine, il n'y a pas seulement une différence de degré, il y a encore et surtout une différence d'essence, de nature, l'âme humaine ayant sur l'âme animale toute la supériorité de la raison sur l'instinct, de l'intelligence sur la sensibilité, de la liberté sur le déterminisme. Nous avons ailleurs suffisamment insisté sur cet important sujet pour n'avoir pas à y revenir ici (2).

La raison exige donc de toute nécessité une création spéciale, sinon pour l'être humain tout entier, du moins pour la partie la plus excellente de lui-même, pour son âme intelligente, éclairée par la raison, ennoblie par la liberté. Mais quelques esprits se sont demandé si le corps informé par cette âme raisonnable ne pourrait pas, dans l'hypothèse transformiste, être primitivement, comme les autres organismes, un produit de l'évolution auquel le Créateur aurait, par l'insufflation du *spiraculum vitæ*, substitué à l'âme animale primitive une âme raisonnable qui aurait informé définitivement cet organisme en corps humain.

Le problème demande à être envisagé sous un triple aspect : 1° celui des faits, consistant à savoir si l'on peut trouver dans la

(1) Depuis que ces pages sont écrites (mai 1901), le savant recueil des *Annales de philosophie chrétienne*, livraison d'août-septembre 1901, a donné, presque sous le même titre, une réponse péremptoire à la thèse de M. le docteur Jousset. Cette réponse est due au R. P. Leroy qui paraissait spécialement visé par l'éminent médecin ; il y expose, avec plus de développements et d'autorité, les mêmes considérations que celles contenues dans les pages qui vont suivre.

(2) Cette supériorité de nature, d'essence sur la brute a été également démontrée et avec plus d'autorité par bien d'autres auteurs. Citons, entre autres, l'abbé Duilhé de Saint-Projet, dans son *Apologie scientifique* ; — M. l'abbé Boulay dans un récent ouvrage qu'on ne saurait trop recommander à l'attention des penseurs et des hommes de science *Principes d'anthropologie générale*, 1901 ; Paris, Lethielleux ; — M. l'abbé Elie Blanc, *Mélanges philosophiques*; et tout particulièrement Mgr Mercier, de Louvain, dans sa magistrale *Psychologie*, récemment parue.

série zoologique un ou plusieurs types intermédiaires établissant la transition du corps humain aux formes animales qui s'en rapprochent le plus;. 2° l'aspect métaphysique, et 3° l'aspect théologique

Quant au premier de ces trois aspects, nous ne le savons nulle part mieux et plus complètement traité qu'en deux petits volumes de M. le marquis de Nadaillac résumant plusieurs de ses savants travaux antérieurs et intitulé: *L'Homme et le Singe* (1). Il y démontre péremptoirement qu'on n'a jamais trouvé nulle part de débris de fossiles pouvant se rapporter à des organismes animaux qui relieraient le groupe simien au type humain, les *proanthropes*, les *pithécanthropes* ou *anthropopithèques* de Hæckel et de feu Mortillet n'ayant jamais existé que dans l'imagination de ces naturalistes : et même dans le camp matérialiste ou positiviste des savants sérieux comme Virchow à Berlin, Huxley en Angleterre, Carl Vogt à Genève, reconnaissent loyalement que la solution animale de l'origine de l'homme tend plutôt à reculer qu'à avancer.

Quoi qu'il en soit, dès 1856, M. Ed. Lartet avait découvert, près de Sansan (Gers), en terrain miocène, une mâchoire de simien d'ailleurs incomplète, le menton faisant défaut, qui, restituée par lui à l'aide des os maxillaires, présentait un angle facial droit, ce qui la rapprochait beaucoup de celle d'un nègre tasmanien. Cette mâchoire de *dryopithèque* ne représentait-elle pas celle du type intermédiaire entre la famille simienne et la famille humaine? Vain espoir. Le 24 février 1890, M. Albert Gaudry présentait à l'Académie des Sciences une nouvelle mâchoire du type *Dryopithecus*, entière celle-là, et récemment découverte dans le miocène de Saint-Gaudens. Contrairement aux indications de Lartet, elle formait en avant une saillie très prononcée, indiquant que l'animal devait avoir un véritable museau. En outre, un menton très épais, la mâchoire étroite montraient que la langue devait avoir moins de place que chez les singes actuels. « Ainsi disparaît le seul anneau que la paléontologie ait jusqu'ici prétendu établir entre le singe et l'homme (2). »

Beaucoup plus récemment, un médecin militaire hollandais, le

(1) Dans la collection *Science et Religion*, 1899. Bloud et Barral.

(2) A. DE LAPPARENT, *Revue des Questions scientifiques*, avril 1890 (t. XXVII), p. 647.

Dr Dubois, découvrit, auprès de Trinil (île de Java) et en plusieurs fois, un fragment de crâne, à quelque distance de là une ou deux dents et, cent mètres plus loin, un fémur. On a voulu attribuer ces restes à un être intermédiaire entre le groupe simien et l'homme.

Tous les corps savants de l'Europe ont examiné et discuté le fait. Les avis, comme il devait arriver, ont été très partagés à ce sujet; mais la majorité des opinions n'a pas été en faveur de l'intermédiaire si avidement cherché, et l'on prétend que le fameux professeur d'Iéna, Ernest Hæckel, le père du monisme, aurait entrepris le voyage des îles de la Sonde, dans l'espoir d'y trouver enfin cet intermédiaire, depuis si longtemps rêvé et toujours si vivement cherché.

En fait, ce prétendu intermédiaire est introuvable parce que, très probablement, il n'existe pas. Finirait-on par le rencontrer qu'on n'en pourrait rien conclure encore, si ce n'est un lien d'analogie et de continuité dans la morphologie, lequel n'implique nulle nécessité de filiation.

Au point de vue métaphysique, est-il admissible qu'une âme humaine puisse *informer*, c'est-à-dire modifier, en l'adaptant aux fins qui lui sont propres, un organisme préalablement adapté à d'autres fins? En dernier lieu, une telle hypothèse serait-elle théologiquement acceptable?

Nous réunissons ces deux aspects de la question, plus commodes à traiter ensemble que séparément.

Il existe une décision d'un concile, tenu à Cologne en 1860 et approuvé par le Saint-Siège, qui condamne une proposition ainsi formulée: « L'homme, quant à son corps, n'est que le produit naturel de l'évolution spontanée d'une nature imparfaite ou d'autres natures de plus en plus parfaites, jusqu'à la nature humaine actuelle. »

On pourrait, à première vue, conclure de là que toute extension du principe évolutionniste à la matière première du corps humain, quelle que soit la forme de cette attribution, quelles que soient la droiture d'intention et l'orthodoxie de la pensée de ses auteurs, n'en est pas moins bel et bien condamnée par l'Église.

Ce serait peut-être aller un peu loin.

Remarquons et pesons les termes de la décision du concile de

Cologne. Il vise l'opinion que le corps de l'homme ne serait que le produit *naturel* de l'*évolution spontanée* d'une nature imparfaite ou d'autres natures de plus en plus parfaites, etc. » Mais déjà, pour les transformistes spiritualistes, il s'agit moins d'une évolution *spontanée*, surtout en ce qui peut concerner l'homme, que d'une évolution dirigée par la Providence, et se développant non pas fatalement et aveuglément, mais suivant le plan voulu et préconçu par Dieu lui-même.

En second lieu, le produit évolutif qui aurait servi de *substratum* au souverain Auteur ne serait, en aucun cas, un corps humain. D'ailleurs, l'existence de ce *substratum* préalable n'est pas en question : il est certain que Dieu a inspiré une âme humaine sur la face, *in faciem*, *Gen.*, II, 7 (mot à mot, au dire des hébraïsants : *dans les narines*), d'un objet matériel préexistant et formé de la poussière du sol, *de limo terræ*. Mais tous les organismes antérieurs provenaient déjà des eaux ou de la terre, *Gen.*, I, 11, 12, 20, 24. Qu'il s'agisse d'une statue d'argile ou d'un corps préalablement organisé, cet objet tirait toujours son origine *de limo* (ou *de pulvere*) *terræ*. »

L'objection d'ordre métaphysique que l'on peut faire intervenir ici est très clairement exprimée par M. l'abbé Élie Blanc, dans le travail de lui déjà cité.

« L'on ne peut objecter que l'âme spirituelle, par le fait que Dieu l'unirait à ce corps, le transformerait substantiellement et l'ennoblirait assez pour qu'il fût digne de cette alliance. Car le corps vivant, qui aurait été ainsi transformé par l'âme en corps humain, *aurait appartenu précédemment à une espèce déterminée* ; il aurait eu, par conséquent, tous les caractères essentiels de cette espèce, tous plus ou moins en contradiction avec sa haute destinée. En réalité donc, il eût été plus impossible à l'âme spirituelle d'assouplir ce corps de brute à son nouvel usage que d'organiser une matière qui n'aurait pas reçu précédemment de déterminations spéciales (1). »

Peut-être pourrait-on discuter la question de savoir s'il serait plus difficile à l'âme spirituelle créée à cet effet d'informer, pour en faire un mécanisme aussi compliqué et aussi parfait que le corps humain, une masse minérale inerte, que d'informer à ses fins

(1) L'abbé Élie BLANC, *loc. cit.*, p. 373.

propres un corps similaire déjà organisé bien qu'à d'autres fins moins relevées. Mais si nous supposons que ce corps déjà organisé est le produit naturel d'une évolution spontanée l'ayant amené à une espèce déterminée et fixée, nous risquons de tomber sous le coup de la condamnation du Concile de Cologne approuvée par le Saint-Siège. Il n'y a donc pas lieu d'entamer une telle discussion.

Seulement on peut contester la nécessité de cette condition à dessein soulignée plus haut, à savoir que ce corps vivant « aurait appartenu à une espèce déterminée ». M. Charles Naudin, qui était un naturaliste distingué et absolument spiritualiste, professait l'opinion que le corps auquel le Créateur aurait insufflé l'âme spirituelle était un organisme non encore déterminé, dans un état en quelque sorte larvaire.

D'autre part, l'âme raisonnable étant, d'après la doctrine scolastique (rendue obligatoire sur ce point par le Concile de Vienne, 1311), immédiatement la forme substantielle du corps humain, tout corps que n'informe point une âme raisonnable n'est point un corps humain. Telle serait la doctrine de saint Thomas d'Aquin : *Non est caro humana quæ non est informata ab anima humana scilicet rationali* (1) (Voir l'*Histoire de la philosophie* du cardinal Gonzalès). Par conséquent, quel que soit et d'où que provienne, terre brute ou chair organisée, le *substratum* sur lequel Dieu infuse une âme spirituelle, Dieu serait, par le fait même, directement et immédiatement le formateur du corps humain. Enfin il ne ressort pas du texte du verset 7 au chapitre II de la *Genèse* que le corps du premier homme ait été tiré directement du limon de la terre : « *formavit Deus hominem de limo terræ et inspiravit in faciem ejus spiraculum vitæ.* » Le *limus terræ* avait donc reçu une première formation : statue de boue ou organisme vivant ?

Aux yeux des évolutionnistes chrétiens, aux yeux du moins de certains d'entre eux, ce substratum dont Dieu s'est servi pour former le corps de l'homme par l'inspiration d'une âme raisonnable serait un organisme amené au point voulu par l'évolution sous l'action directrice de la Providence, mais ne serait pas et ne pourrait pas être, quelle qu'en soit la figure, un corps humain tant que l'infusion divine de l'âme spirituelle ne l'aurait pas informé.

(1) IIIa Pars, quæst. V. art. 4 *Corp. sub fine.*

Un savant naturaliste belge, le R. P. Dierckx (1), envisage cette face extrême de la théorie évolutionniste dans un travail très approfondi, paru d'abord dans la *Revue des Questions scientifiques* et publié ensuite séparément (2). Il ne partage point cette manière de voir; il la trouve même risquée et inopportune, mais ne croit pas toutefois devoir lui opposer une fin de non-recevoir absolue, estimant fort sagement que, tant que l'Église ne se sera pas prononcée, il conviendra d'user de réserve : d'autant plus, estime-t-il, que les arguments mis en avant contre ces hypothèses ne s'imposent pas tous avec une évidence irrésistible.

VIII

NE PAS COMPROMETTRE LA CAUSE DE LA RELIGION EN LA SOLIDARISANT AVEC DES HYPOTHÈSES SCIENTIFIQUES

En tout état de cause, le trait d'union par lequel la physiologie et l'anthropologie établiraient la continuité du type simien au type humain, ce trait d'union fuit toujours devant les trouvailles et les recherches de ses inventeurs. Comme le leur dit avec une parfaite justesse le marquis de Nadaillac : « Vous voulez nous montrer la filiation de l'homme et du singe, et vous ne pouvez pas seulement nous faire connaître celle du singe américain et du singe africain, l'un avec ses 36 dents et sa longue queue prenante, l'autre avec 32 dents et sa queue courte et jamais prenante ; et cependant l'un et l'autre sont des simiens (3). »

La question de savoir si la doctrine spiritualiste et à plus forte raison chrétienne permet d'étendre à la matière première du corps humain la loi d'évolution transformiste, n'offre donc guère qu'un intérêt spéculatif ; cette loi d'évolution peut très bien en effet s'appliquer au règne végétal et au règne animal, sans s'élever jusqu'au règne humain, celui-ci se présentant en des conditions de supé-

(1) On sait avec quelle application et quel succès le clergé belge, tant séculier que régulier, s'adonne à l'étude des sciences mathématiques, physiques et naturelles.

(2) *L'Homme-Singe et les précurseurs d'Adam en face de la Science et de la Théologie*. par le Fr. Dierckx, S. J. In-8° de 124 p., 1894 ; Bruxelles, Schepens ; Paris, Retaux.

(3) *L'Homme et le Singe*, t. II, p. 10.

riorité telles sur les précédents qu'un mode de création spécial pour lui est amplement justifié.

Le débat étant ainsi circonscrit et limité, est-il prudent, est-il sage de repousser systématiquement et *a priori*, comme le pense le Dr Jousset, toute tentative d'explication de la création autre que la traditionnelle théorie créationniste ?

Dans la brochure que le savant docteur a consacrée à soutenir cette thèse, il commence par exposer et discuter la découverte des ossements de Trinil et n'a pas de peine à démontrer, avec toute l'autorité de sa science anatomique, que ce sont des ossements humains. « L'homme-singe n'est point encore trouvé, conclut-il, et les illusions éveillées dans le camp évolutionniste par la découverte de M. Dubois sont des mirages produits par la passion transformiste et antireligieuse (1). »

Si, dans ce passage, l'auteur eût employé l'épithète de « matérialiste » au lieu de l'expression trop générale d' « évolutionniste », ce qui eût été plus équitable et plus impartial, nous ne pourrions qu'applaudir des deux mains à une telle conclusion.

Suit, dans la brochure, une exposition des faits où est constatée l'apparition successive et progressive sur le globe des êtres organisés arrivant hiérarchiquement par une chaîne ininterrompu jusqu'à l'homme, selon la maxime connue : *Natura non facit saltus*, ainsi que cette autre loi d'après laquelle l'être inférieur atteindrait par ses parties les plus parfaites aux parties les plus imparfaites de l'ordre supérieur, loi qui aurait pour formule : *Supremum infimi attingit infimum supremi*.

L'auteur admet tout cela avec les évolutionnistes, peut-être même plus qu'eux, car tout ne nous paraît pas se passer toujours d'une manière aussi simple. Seulement il leur dénie le droit d'en conclure à un effet de filiation, « *succession* n'étant pas *génération* » ; il les accuse de tomber dans le paralogisme : *post hoc ergo præter hoc*. Jusque là nous sommes de l'avis du savant docteur, comme on a pu le voir dans plusieurs des pages qui précèdent. Où nous ne pouvons le suivre, c'est quand il conclut de la non-nécessité de cette conséquence à son impossibilité. Assurément une série continue d'êtres se différenciant progressivement n'implique

(1) *L'Homme-Singe*, p. 10.

nullement que cette série ait été produite par voie de génération, et l'on n'est pas en droit d'affirmer celle-ci ; mais elle n'implique pas non plus qu'elle n'ait pas pu être formée ainsi, et l'on n'a pas davantage, par cela seul, le droit de la nier.

Les pages qui suivent constituent un très savant et très lumineux exposé de toutes les objections fondées et sérieuses que l'on peut logiquement et scientifiquement opposer à la théorie évolutionniste appliquée au règne animal et surtout à l'espèce humaine. Cette partie du travail du savant docteur, surtout en ce qui concerne l'École matérialiste, est irréprochable. Il est vrai que les évolutionnistes non matérialistes pourraient à bon droit lui reprocher de les confondre un peu trop avec les précédents, et de laisser dans l'ombre les arguments et les considérations sur lesquels ils appuient, non sans quelque apparence plausible, leur manière de voir. Ils seraient fondées également à se plaindre qu'il leur oppose « l'existence d'un législateur intelligent », comme « absolument incompatible avec les doctrines évolutionnistes », ce qui est au contraire absolument inexact.

Enfin le savant docteur estime que « les philosophes chrétiens choisissent bien mal leur temps pour apporter aux doctrines évolutionnistes l'autorité de leur science et de leur caractère. C'est, ajoute-t-il, au moment où l'École matérialiste semble, après des efforts multipliés, près d'arriver au succès (?), quand elle élève sur la génération spontanée et l'évolution cellulaire un système qui serait la ruine de toutes nos croyances, qu'ils viennent paralyser la défense spiritualiste et chrétienne, en s'efforçant de démontrer que le transformisme n'est point contraire à la foi (1). »

Sans être évolutionniste, et estimant que le *comment* de la Création nous échappe, nous nous sentons toutefois moins effrayé, pour la solidité de nos croyances, du prétendu succès des doctrines matérialistes. Un système dont les fauteurs sont obligés d'avouer eux-mêmes, comme Hæckel et Weissmann, qu'ils l'appuient sur une proposition absurde afin d'échapper à la nécessité d'un créateur et d'un plan préconçu, un tel système n'aura jamais qu'un succès éphémère et correspondant aux passions du moment où il a été conçu.

(1) *L'Homme-Singe*, p. 32.

Non, ce n'est point paralyser la défense spiritualiste et chrétienne que d'admettre la possibilité d'une théorie dont on n'a fait une arme contre la Vérité qu'en la dénaturant dans son principe et en lui prêtant des éléments qu'elle n'implique point par elle-même. Il n'est nullement question ici de « désarmer par ce moyen les matérialistes (1) », mais de prouver au contraire que, scientifiquement et logiquement, ils sont sans aucun droit d'exploiter en faveur de leurs dénégations une théorie qui ne les comporte point.

Les données de l'évolution transformiste, telles qu'on peut rationnellement les concevoir, impliquent inéluctablement, au contraire, l'existence d'une cause extérieure, toute-puissante, souverainement intelligente et infinie. Et qu'on ne dise pas, avec Spencer ou Huxley, que c'est là de l'incognoscible ou inconnaissable : la notion de cette cause suprême est si peu inconnaissable que les pontifes du matérialisme la mettent en parallèle avec une conception éminemment absurde et contraire à des faits scientifiquement établis, en stipulant qu'il faut accepter celle-ci pour n'être pas forcé d'admettre celle-là.

L'évolutionnisme transformiste est dans l'ordre des possibles; il n'est point établi comme fait; encore moins est-il, ainsi que l'École matérialiste voudrait le faire accroire, dans la catégorie des lois fatales, nécessaires? Où l'École voit-elle cette nécessité? Ce n'est certes pas l'expérience qui la lui montre; ce n'est pas la raison davantage. Ce n'est qu'un concept posé *à priori* pour le besoin d'une cause préconçue et même préétablie.

Montrer que l'évolutionnisme *sainement compris* reconnaît et exalte la toute-puissance et la sagesse du Créateur, bien loin de les nier ou de les affaiblir, c'est la meilleure manière de combattre la théorie matérialiste qui en usurpe indûment l'appareil. Et c'est au contraire faire le jeu de nos adversaires que de nier systématiquement, sous prétexte qu'elle ébranlerait nos croyances, une hypothèse qui présente des côtés plausibles et vraisemblables. Nos croyances, fondées sur le roc de la Vérité, n'ont rien à craindre des spéculations de la raison, tant que celles-ci ne sortent pas de son domaine propre; et l'évolutionnisme spiritualiste y est rigoureusement renfermé.

(1) *L'Homme-Singe*, p. 32.

Vainement objectera-t-on que de dire « qu'il existe dans chaque être une puissance d'évolution qui lui permet de donner naissance à un être supérieur à lui-même, c'est une absurdité au premier chef, le moins ne pouvant produire le plus » (1). Présentée sous cette forme, l'objection ne tient pas debout. Nous avons, au paragraphe précédent, répondu à ce que, mieux présentée, elle peut offrir de sérieux. Mais qui, dans le camp spiritualiste, a jamais supposé cette puissance intrinsèque à un être quelconque de donner par lui-même naissance à un autre être qui lui serait supérieur? Un gland, gros comme le bout du doigt, jeté à terre, donnera avec le concours du sol, de l'atmosphère, de la lumière solaire et des siècles, naissance à un chêne gigantesque qui dressera haut sa cime dans les airs et étalera au loin sa ramure. Dirons-nous que le gland a donné naissance à un être supérieur à lui-même et que le moins a produit le plus? Bien certainement non. Mais nous dirons que ce gland possédait en lui un germe, susceptible de se développer sous l'action des agents extérieurs, Le grand chêne est incontestablement supérieur au petit gland : celui-ci a fourni le germe, les agents extérieurs ont causé la formation du bois, de l'écorce, des branches, des feuilles, des fleurs et des glands capables, dans les mêmes conditions, d'être les points de départ d'évolutions semblables.

De même qu'y aurait-il de contraire à la raison dans l'hypothèse que Dieu aurait, à l'origine, créé des types élémentaires possédant la faculté d'engendrer des êtres susceptibles d'acquérir, de génération en génération, *sous l'influence de causes extérieures*, des développements de plus en plus étendus?

Ne compromettons pas la cause sacrée de la foi, en la solidarisant avec des hypothèses scientifiques. — L'action créatrice immédiate et directe sur chacune des innombrables espèces végétales et animales de la nature, c'est une hypothèse et pas autre chose. Ce qui est de foi, comme au surplus conforme à la raison, c'est que la création tout entière est l'œuvre d'une cause extérieure souverainement intelligente, toute-puissante, personnelle et infinie, de Dieu autrement dit. Mais suivant quel monde, quel procédé, le Créateur a-t-il agi pour appeler à la vie les plantes et les bêtes ? Il

(1) *L'Homme-Singe*, p. 31.

ne nous l'a point fait connaître; et l'hypothèse créationniste ne nous est, à cet égard, pas plus imposée par la foi que l'évolutionnisme spiritualiste ne lui est opposé. Vouloir l'y rattacher nécessairement constitue un danger; dès là qu'une hypothèse est rationnellement possible, il faut toujours prévoir le cas, si improbable qu'il paraisse, où, dans la mesure où elle est possible, elle viendrait un jour à être entièrement vérifiée. Où serait alors l'avantage d'avoir rendu la foi solidaire d'une hypothèse contraire?

Résumons-nous.

L'évolutionnisme spiritualiste, le seul qui soit légitime, logique et conforme à la raison, n'a contre lui aucune objection de principe et explique d'une manière très ingénieuse un grand nombre de faits, en laisse inexpliqués un non moins grand nombre d'autres, et se heurte dans le détail à beaucoup de difficultés qui ne laissent pas de jeter quelques doutes dans l'esprit même de plusieurs de ses partisans. Il n'en reste pas moins, en tant qu'hypothèse sur le mode dont Dieu a pu se servir pour réaliser la création, un système plausible, séduisant même à certains égards, et propre à satisfaire l'esprit par un concept plus compréhensible du plan divin et de la souveraine sagesse de la Providence législatrice et régulatrice.

Nous ne l'avons pas envisagé comme applicable au temps présent, parce que là il ne nous semble plus avoir aucune raison d'être. L'homme est arrivé sur la terre lorsque l'élaboration de la vie organique et des conditions favorables à l'existence du roi de la Création était terminée. La plasticité des êtres vivants avait dû diminuer au fur et à mesure que les conditions climatériques, atmosphériques, hydrographiques du globe devenaient plus régulières et plus stables; et les espèces tant botaniques que zoologiques — dans l'hypothèse de leur formation par voie de génération et de filiation — devaient avoir acquis leur spécification finale.

Il y a à cela une raison assez péremptoire. Des cataclysmes, des bouleversements, ou tout au moins des changements profonds, fussent-ils lents, dans les conditions climatériques et telluriques de notre planète, étant un facteur indispensable aux modifications ou transformations organiques, les périodes de calme et de tranquillité relatifs, comme celle qui a vu et voit le règne de l'homme, sont essentiellement favorables à la permanence des types, ceux-ci une fois produits. Le milieu, agent de modification s'il se modifie, devient agent de stabilité s'il ne change pas. (De Quatrefages.) Tel est l'avis d'évolutionnistes très convaincus (1).

Mais considérée comme un mode de création des animaux et des plantes avant l'apparition de l'homme, la théorie évolutionniste reste une possibilité que, sans doute, on n'a pas le droit de tenir pour fait acquis, encore moins d'imposer, mais que nul n'a davantage le droit de repousser au nom de la métaphysique et surtout au nom des croyances spiritualistes et chrétiennes.

C. DE KIRWAN.

(1) Cf. R. P. LEROY : *L'évolution restreinte aux espèces organiques*, p. 111 ; R. P. ZAHM *L'évolution et le dogme*, t. I, p. 274.

Extrait de la *Revue Thomiste* de Septembre et Novembre 1901

PARIS. — IMPRIMERIE F. LEVÉ, 17, RUE CASSETTE.

PARIS
IMPRIMERIE F. LEVÉ
17, Rue Cassette

www.ingramcontent.com/pod-product-compliance
Ingram Content Group UK Ltd.
Pitfield, Milton Keynes, MK11 3LW, UK
UKHW021013220726
13924UKWH00002B/961